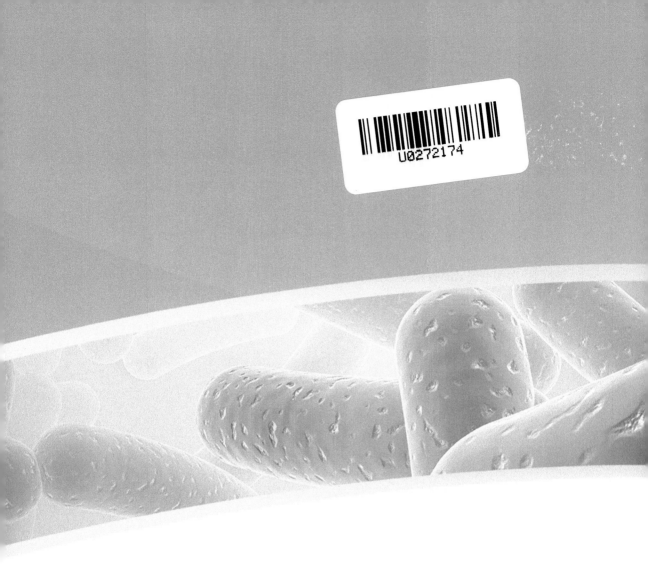

生物信息学实践

彭仁海 刘震 刘玉玲 著

中国农业科学技术出版社

图书在版编目（CIP）数据

生物信息学实践 / 彭仁海，刘震，刘玉玲著 . —北京：中国农业科学技术出版社，2017.4
ISBN 978-7-5116-3016-2

Ⅰ. ①生⋯　Ⅱ. ①彭⋯②刘⋯③刘⋯　Ⅲ. ①生物信息论　Ⅳ. ①Q811.4

中国版本图书馆 CIP 数据核字（2017）第 057372 号

责任编辑　　崔改泵
责任校对　　贾海霞

出 版 者	中国农业科学技术出版社 北京市中关村南大街 12 号　邮编：100081
电　　话	（010）82109194（编辑室）　（010）82109702（发行部） （010）82109709（读者服务部）
传　　真	（010）82106650
网　　址	http://www.castp.cn
经 销 者	各地新华书店
印 刷 者	北京建宏印刷有限公司
开　　本	787mm×1 092mm　1/16
印　　张	11.25
字　　数	267 千字
版　　次	2017 年 4 月第 1 版　2020 年 7 月第 3 次印刷
定　　价	30.00 元

版权所有・翻印必究

目 录

第一章 生物信息学分析基础工具与平台配置 (1)
  第一节 文本编辑器 (1)
    一、常用的文本编辑器 (1)
    二、UltraEdit (2)
    三、Vi 编辑器 (2)
  第二节 Linux 系统基础 (3)
    一、软件安装 (3)
    二、PATH 路径设置 (5)
    三、必备 Linux 命令 (5)
    四、Linux 系统的输出重定向与管道 (7)
    五、中文版 Linux 改为英文版 (8)
    六、开启 FTP 服务 (8)
  第三节 生物信息学实验室局域网 (10)
    一、生物信息学局域网实例 (10)
    二、远程登录 (10)
  第四节 Windows 系统下构建本地 BLAST (12)
    一、BLAST 的下载安装 (12)
    二、Blast 的使用 (12)
    三、实例讲解 (14)
  参考文献 (18)

第二章 生物信息数据库的使用与构建 (19)
  第一节 NCBI 数据库资源 (19)
    NCBI 数据库检索 (21)
  第二节 数据存储格式 (22)
    一、FASTA 格式 (22)
    二、FASTQ 格式 (23)
    三、Genebank 格式 (23)
    四、EMBL 格式 (25)
    五、采用 XML 实现生物数据库的整合 (26)
  第三节 著名的生物信息学数据库 (28)
  第四节 生物信息学数据库的构建方法 (30)

一、Apache 的安装与启动 ………………………………………………… (30)
　　二、MySQL 的安装与配置 ………………………………………………… (31)
　　三、PHP 的安装与配置 …………………………………………………… (33)
　　四、不能安装的情况 ……………………………………………………… (35)
　　五、利用 Windows Server 搭建数据库服务器 …………………………… (35)
　参考文献 …………………………………………………………………… (38)

第三章　基于蛋白质结构的计算机辅助药物设计 …………………………… (40)
　第一节　蛋白质二级结构 ………………………………………………… (40)
　　一、α 螺旋 ………………………………………………………………… (41)
　　二、β 片层 ………………………………………………………………… (41)
　　三、β 转角 ………………………………………………………………… (41)
　　四、蛋白质二级结构预测 ………………………………………………… (41)
　第二节　蛋白质结构数据库及其检索 …………………………………… (45)
　　一、PDB 数据库检索 ……………………………………………………… (47)
　　二、蛋白质结构数据的存储格式 ………………………………………… (48)
　　三、蛋白质结构可视化 …………………………………………………… (50)
　第三节　蛋白质结构的预测 ……………………………………………… (53)
　　一、国际蛋白质结构预测技术评估大赛（CASP） ……………………… (53)
　　二、利用 SWISS-MODEL 预测蛋白质的三级结构 ……………………… (54)
　第四节　分子对接工具 Autodock ………………………………………… (55)
　　一、Autodock 程序的安装 ………………………………………………… (56)
　　二、小分子的来源和处理 ………………………………………………… (57)
　　三、大分子的处理 ………………………………………………………… (57)
　　四、两个参数文件（gpf 和 dpf）的设置 ………………………………… (59)
　　五、结果的处理 …………………………………………………………… (62)
　第五节　分子模拟原理与工具 …………………………………………… (63)
　　一、分子模拟的主要方法 ………………………………………………… (63)
　　二、分子模拟常见工具 …………………………………………………… (64)
　第六节　分子动力学模拟工具 Amber …………………………………… (65)
　　一、生成小分子模板 ……………………………………………………… (66)
　　二、处理蛋白质文件 ……………………………………………………… (68)
　　三、生成拓扑文件和坐标文件 …………………………………………… (69)
　　四、能量优化 ……………………………………………………………… (73)
　　五、LEAP 使用 …………………………………………………………… (75)
　　六、MD 过程 ……………………………………………………………… (77)
　　七、VMD 的使用 ………………………………………………………… (80)
　　八、观看并保存图像的步骤 ……………………………………………… (81)
　　九、RMS 计算 ……………………………………………………………… (81)

十、结果数据处理 …………………………………………………………… (82)
参考文献 ………………………………………………………………………… (83)

第四章 转座子的生物信息学分析 ………………………………………… (86)
第一节 转座子的分类 ……………………………………………………… (86)
一、分类级别 …………………………………………………………………… (86)
二、自主与非自主转座子 ……………………………………………………… (89)
三、转座子的命名 ……………………………………………………………… (90)
四、转座子的生物信息学分析 ………………………………………………… (90)
五、重复序列挖掘工具 ………………………………………………………… (91)
第二节 RepeatMasker 和 RepeatModeler ……………………………… (92)
一、RepeatMasker 的安装 …………………………………………………… (93)
二、RepeatModeler 的安装 ………………………………………………… (95)
三、RepeatMasker 的操作 …………………………………………………… (98)
四、RepeatMasker 搜索的过程 ……………………………………………… (99)
五、两个 Perl 程序 …………………………………………………………… (100)
六、联合多个重复序列数据库 ………………………………………………… (101)
七、RepeatMasker 的其他参数 ……………………………………………… (102)
八、Out 结果文件 ……………………………………………………………… (103)
九、RepeatModeler 的使用 ………………………………………………… (105)
第三节 LTRharvest ………………………………………………………… (105)
第四节 序列去冗余 ………………………………………………………… (107)
第五节 Circos 绘图 ………………………………………………………… (108)
一、Circos 的安装 …………………………………………………………… (109)
二、Circos 的颜色 …………………………………………………………… (112)
三、图像分析 …………………………………………………………………… (114)
四、核型文件 …………………………………………………………………… (116)
五、ideogram 标签 …………………………………………………………… (117)
六、连接 ………………………………………………………………………… (117)
七、图像输出 …………………………………………………………………… (118)
八、直方图 ……………………………………………………………………… (119)
九、Highlights 图 …………………………………………………………… (120)
十、容易出现的问题 …………………………………………………………… (122)
参考文献 ………………………………………………………………………… (122)

第五章 生物信息学资源 ……………………………………………………… (126)
第一节 网络资源 …………………………………………………………… (126)
一、在线工具链接 Expasy …………………………………………………… (126)
二、常用生物软件分类与下载 ………………………………………………… (127)

三、生物信息学中文论坛 …………………………………………… (128)
　第二节　期刊与机构 ……………………………………………………… (129)
　　一、生物信息学期刊 ……………………………………………… (129)
　　二、生物信息学机构 ……………………………………………… (129)
　第三节　在线小工具 ……………………………………………………… (131)
　　一、开放阅读框查找工具 ORF Finder …………………………… (131)
　　二、绘制 GO 注释结果 …………………………………………… (132)
　　三、蛋白质组成和稳定性分析 ProtParam ………………………… (133)
　　四、启动子区预测工具 Promoter ………………………………… (133)
　　五、序列 logo ……………………………………………………… (133)
　　六、蛋白质序列综合分析工具 PredictProte ……………………… (135)
　　七、信号肽 ………………………………………………………… (135)
　　八、比较分析图绘制工具 VENNY ………………………………… (135)
　第四节　生物信息学分析软件 …………………………………………… (137)
　　一、EMBOSS ……………………………………………………… (137)
　　二、EMBOSS 运行示例 …………………………………………… (137)
　　三、综合序列分析软件 DNAstar ………………………………… (140)
　　四、分子生物学常用工具简介 …………………………………… (144)
　参考文献 …………………………………………………………………… (147)

第六章　分子进化 …………………………………………………………… (149)
　第一节　分子进化基础 …………………………………………………… (149)
　　一、构建进化树的算法 …………………………………………… (149)
　　二、进化树格式 …………………………………………………… (150)
　　三、进化树的图形显示 …………………………………………… (150)
　　四、进化软件 ……………………………………………………… (152)
　第二节　通过 phylip 构建进化树 ………………………………………… (153)
　　一、准备 …………………………………………………………… (153)
　　二、通过 Clustal 将 Fasta 格式的序列进行比对并保存为 phy 格式 … (154)
　　三、使用 seqboot 设置重复数量 ………………………………… (156)
　　四、通过似然法计算进化树 ……………………………………… (157)
　　五、构建一致树 …………………………………………………… (158)
　　六、图片制作 ……………………………………………………… (160)
　参考文献 …………………………………………………………………… (161)

第七章　生物信息学编程基础 ……………………………………………… (163)
　第一节　Perl 语言 ………………………………………………………… (163)
　　一、CPAN ………………………………………………………… (163)
　　二、正则表达式 …………………………………………………… (164)

三、Bioperl 的安装 …………………………………………………………………… (165)
第二节　统计语言 …………………………………………………………………… (166)
　　一、R 语言 …………………………………………………………………………… (166)
　　二、其他统计分析工具 ……………………………………………………………… (166)
　参考文献 ……………………………………………………………………………… (166)
附录一　生物信息学常用词汇表一 …………………………………………………… (168)
附录二　生物信息学常用词汇表二 …………………………………………………… (170)

第一章 生物信息学分析基础工具与平台配置

随着生物信息学的普及运用，大多数实验室都需要通过一些生物信息学的工具，甚至是构建生物信息学分析平台服务生物学实验，并提示进一步的实验方案。根据实验室具体需求，集成各种常用分析工具、资源，将可以高效地完成本实验室成员生物信息学分析的需求，还能够完成一些序列批量处理的任务。许多生物信息学的分析软件和数据库可以通过互联网（Internet）免费获取，为生物信息学平台的建设奠定了基础。

生物信息平台的建设是需要逐步推进和实施的。因而在设计和构建过程中要注意平台的实用性并做好备份工作。实用性的高低直接影响到使用者对系统的评价。系统在设计时，在满足实际应用要求的目标前提下，应该多从使用者的角度出发，采用面向用户的设计理念，提供界面友好、操作方便的用户交互平台和操作环境。实验室生物信息学平台一般都由多个实验室成员共同使用，这就导致不可避免会出现一些问题，为此，首先要做好数据的备份工作，其次要注意记录平台软件的安装和使用方法，在平台出现问题后可以方便地进行恢复。

本章的主要内容包括：几乎所有生物信息学分析中都会用到的工具和方法，如：文本编辑器、Linux 操作系统系统下安装软件、系统基础服务的配置等。

第一节 文本编辑器

文本编辑器是用于编写普通文字的应用软件，以纯文本形式进行储存，一般用来编写程序源代码。而 Word 等文档编辑器是以二进制格式进行存储，主要功能是用来排版。文本编辑器具有的典型功能主要有：查找、替换、剪切、复制、粘贴、行号、自动缩排、撤销和恢复等。Windows 系统自带的记事本虽然也是文本编辑器，但功能较小，编写脚本程序时没有语法提示，也不能打开比较大的文件，如：基因组、蛋白组等。在生物信息分析过程中，绝大多数软件的结果都是纯文本格式，不同软件之间的数据传递也经常通过纯文本格式，此外，编写生物信息学程序脚本也需要用到文本编辑器，因此，文本编辑器是生物信息学中一个非常重要的工具。本节将介绍 Windows 下的 UltraEdit 和 Linux 下的 vi 编辑器。

一、常用的文本编辑器

Notepad 是一个开源免费的文本编辑器，可以对多种编程语言实现语法高亮，代码折叠，拖放缩放等。Notepad2 是一个相当优秀的轻量级文本编辑器，具有很多特色功能，如代码高亮、编码转换、行号显示、多步 Ctrl + Z 等，是不可多得的记事本替代工具。而 Notepad2-mod 是 Notepad2 的修改版、更新很及时，支持代码折叠、NSIS、Inno、AHK 语法高亮等。PSPad 是 Windows 平台上免费的适合程序员使用的编辑器，它可以保持上一次的编辑状态，下次打开编辑器的时候可以直接显示原来的文件，此外还支持通过 FTP 进行远程编辑，支持多文件比较等。Emacs 编辑器具有内置的宏功能以及强大的键盘命令，几乎被移植到了每一个平台，并有多个发行版，是跨平台、完全免费并且开源。Sublime Text3 编辑器支持但不限于 Perl、Python、R、PHP、C、C + +、C#、HTML、Groovy、Haskell、HTML、Java、JavaScript、LaTeX、Lisp、Lua、Markdown、Matlab、OCaml、Ruby、SQL、TCL、Textile 以及 XML 等主流编程语言的语法高亮。

Gedit 是 Linux 下的一个纯文本编辑器，但也可以把它用来当成一个集成开发环境（IDE），它会根据不同的语言高亮显现关键字和标识符。

二、UltraEdit

UltraEdit（http：//www.ultraedit.com/）是一套功能强大的文本编辑器，可以编辑文本、十六进制、ASCII 码，可同时编辑多个文件，而且即使开启很大的文件速度也不会慢。可以编辑列；可将文件另存为多种编码格式从而解决乱码问题，有 Perl 脚本的语法错误提示。生物信息分析中，可以通过 Ultraedit 打开基因组文件，支持超过 4GB 的文件。

在 UltraEdit 使用过程中，建议修改以下配置以方便使用。

（1）UltraEdit 默认保存一个临时文件以备份修改前的文字，虽然很安全，但是一般情况下需要不断地进行删除，造成了不必要的麻烦，因此，可以设置成不备份；高级—配置—文件处理—备份—不备份（图 1 – 1）。

（2）在鼠标右键中添加 UltraEdit，这样可以很方便地打开文件。高级—配置—文件关联，选择集成到资源管理项。

三、Vi 编辑器

Vi 编辑器是 Linux 系统的一个文本编辑器，可通过终端进行操作。因此是必须掌握的工具之一。但习惯 Windows 系统 txt 编辑器的用户需要一个适应过程。以下是操作过程中比较重要的几点：

（1）vi filename 打开一个文本文件，刚打开时，是出于 vi 编辑器的命令行状态，不能对文本进行修改，这时候，按下 "i" "a" 或 "o" 可以进入编辑状态，对文本进行修改。其中：

按 i 从光标当前位置开始输入文件；

按 a 从目前光标所在位置的下一个位置开始输入文字；

按 o 是插入新的一行，从行首开始输入文字。

（2）对文本修改完毕后，需要保存退出，这时候按 ESC 键，可以对文本进行不同的处理，在底部可以输入：

：w filename 以指定的文件名 filename 保存编辑内容

：wq 存盘并退出 vi 编辑器

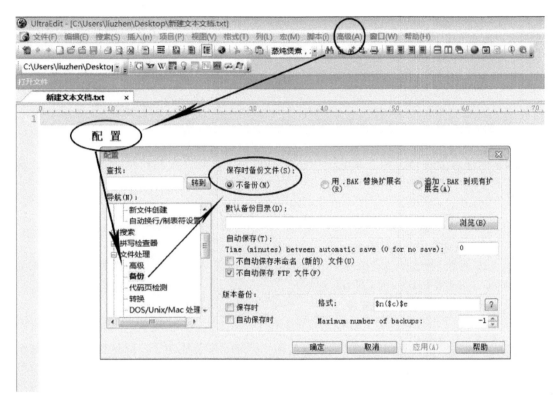

图 1-1　设置 UltraEdit 不产生临时文件

: q! 不存盘强制退出 vi 编辑器

注意这里有":"半角冒号键

保存之后，可以通过 linux 的 more 命令查看是否修改成功。

第二节　Linux 系统基础

生物信息学分析平台需要使用 Linux 操作系统，虽然 Linux 操作系统的界面没有 Windows 那么友好，软件使用也不很方便，但是很多生物信息学工具都是在 Linux 系统的基础上运行的，虽然也有一些虚拟机等工具可以模拟 Linux 系统，但如果想要深入学习生物信息，则 Linux 是不可避免的。Linux 操作系统没有那么神秘，只要学会在 Linux 系统下安装软件的方法、常用命令和系统设置就可以完成大多数的生物信息学分析工作。

一、软件安装

与 Windows 相比较，在 Linux 系统下安装软件就显得比较麻烦，因此，在下载到 Linux 应用软件之后，首先要看软件自带的安装说明然后再安装。这里总结了 Linux 系统下三种常用的软件安装方法供大家参考。

（1）下载的软件格式类似 software_ name – 1. 2. 3 – 1. tar. gz，software_ name 表示软件名称，1. 2. 3 表示版本号，1 表示修正版本。. tar. gz、tar. Z、tar. bz2 或 . tgz 是使用 linux 系统打包工具 tar 打包，再做一次压缩。因此在安装之前，首先要解压缩，不同扩展名解压缩命令也不相同，一般情况下，运行下面的命令就可以一步完成解压与解包工作：

tar-xvzf software_ name – 1. 2. 3 – 1. tar. gz

阅读软件附带的 INSTALL 或 README 等文件，了解软件安装和使用的基本情况，这类程序的安装一般需要以下几个步骤：

执行 "./configure" 命令为编译做好准备；
执行 "make" 命令进行编译；
Make 可指定特定 file 文件为对象文件。如果没有 " – f" 参数，则系统将默认当前目录下名为 makefile 或者名为 Makefile 的文件为对象文件。
执行 "make install" 完成安装。

到此如果系统没有提示安装错误信息的话，就表示安装成功了。但是安装的程序却不一定能正常运行，因为，安装程序的可执行文件必须在系统的 PATH 路径下，系统才可以找到相应的程序。如："/usr/local/bin" 是一个系统默认的执行目录，然而，我们的程序不一定安装在该目录下，这就需要在设置 PATH 变量。

（2）rpm 使 Linux 的软件安装工作变得更加简单容易。rpm 是 ReHat Package Manager （Red Hat 包管理器）的缩写。rpm 的安装基本命令为：

rpm-ivhsoftware_ name. rpm

更多参数：

– i 安装软件
– t 测试安装，不是真的安装
– p 显示安装进度
– f 忽略任何错误
– U 升级安装
– v 检测套件是否正确安装

这些参数可以同时采用。更多的内容可以参考 RPM 的命令帮助。
rpm 软件的卸载命令为：

rpm-e software_ name

要注意的是，后面使用的是软件名，而不是软件包名。例如，要安装 software – 1.2.3 – 1.i386.rpm 这个包时，应执行：

rpm-ivh software – 1.2.3 – 1.i386.rpm

而当卸载时，则应执行：

rpm-e software

（3）软件本身是可执行文件，将文件的目录添加到 PATH 变量后，就可以直接运行。

二、PATH 路径设置

Linux 系统环境下，通过命令行运行程序时，系统会在设定的路径范围内查找对应的程序，如果安装的程序没有在指定的路径中，程序就不能运行。

通过 vi 编辑器打开账户目录下的 .bash_ profile 配置文件（图1-2），修改其中的 PATH 变量，多个路径之间通过冒号分开，保存后运行一下命令刷新 .bash_ profile，新安装的程序就可以运行了。

> source.bash_ profile

需要注意的是刷新 .bash_ profile 只能在命令行打开的状态下使用，一旦关闭就失效了，如果想永久更新，重启系统即可。

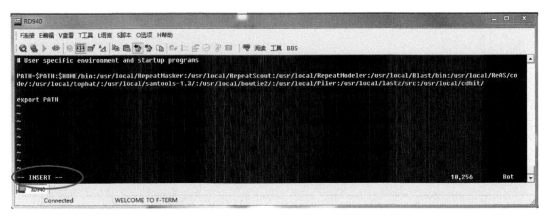

图1-2　通过 vi 编辑器编辑 home 目录下的配置文件 .bash_ profile，可以看到该文件中的 PATH 变量，示例中使用的终端是 Fterm，从左下角可以看出，vi 编辑器处于插入状态

三、必备 Linux 命令

Linux 中的命令的确是非常多，但我们只需要掌握我们最常用的命令就可以了。

(1) cd 命令，用于切换当前目录，它的参数是要切换到的目录的路径，可以是绝对路径，也可以是相对路径。如：

  cd /usr/local/   切换到/usr/local/目录
  cd ..   切换到上一层目录
  cd ~   转到 home 目录

(2) ls 命令，查看文件与目录

  -l：列出长数据串，包含文件的属性与权限数据等
  -a：列出全部的文件，连同隐藏文件（开头为 . 的文件）一起列出来（常用）
  -h：将文件容量以较易读的方式（GB，kB 等）列出来
  -R：连同子目录的内容一起列出（递归列出），等于该目录下的所有文件都会显示出来
  注：这些参数也可以组合使用
  如：ls-lh

(3) find 命令

功能是查找文件，命令格式为：
find ［PATH］［option］
即：在某一路径下查找某一文件，可以添加与时间有关的参数，与用户或用户组名有关的参数，与文件权限及名称有关的参数等。

(4) cp 命令

该命令用于复制文件，c 它的常用参数如下：
  -a：将文件的特性一起复制
  -p：连同文件的属性一起复制，而非使用默认方式，与 -a 相似，常用于备份
  -i：若目标文件已经存在时，在覆盖时会先询问操作的进行
  -r：递归持续复制，用于目录的复制行为
  -u：目标文件与源文件有差异时才会复制
例如：
cp file1 dir/file2 #把文件 file1 复制到 dir 目录下的，文件名改为 file2

(5) mv 命令，用于移动文件、目录或更名

  mv file1 file2 #把文件 file1 重命名为 file2

(6) rm 命令，用于删除文件或目录

-f：就是 force 的意思，忽略不存在的文件，不会出现警告消息
-r：递归删除，最常用于目录删除，它是一个非常危险的参数
例如：
rm-fr dir　#强制删除目录 dir 中的所有文件

（7）tar 命令，用于打包、压缩和解压，它的常用参数包括：

-c：新建打包文件
-t：查看打包文件的内容含有哪些文件名
-x：解打包或解压缩的功能，可以搭配 -C（大写）指定解压的目录，注意 -c、-t、-x 不能同时出现在同一条命令中
-z：通过 gzip 的支持进行压缩/解压缩
-v：在压缩/解压缩过程中，将正在处理的文件名显示出来
-f filename：filename 为要处理的文件

（8）cat 命令，查看文本文件的内容，后接要查看的文件名。可利用该命名合并文件

cat fiile1 file2 > file
将 file1 和 file2 中的内容合并到 file 中

（9）chmod 命令

该命令用于改变文件的权限，一般的用法如下：
-R：进行递归的持续更改，即连同子目录下的所有文件都会更改
同时，chmod 还可以使用 u（user）、g（group）、o（other）、a（all）和 +（加入）、-（删除）、=（设置）跟 rwx 搭配来对文件的权限进行更改。
例如：
chmod 0755 file　#把 file 的文件权限改变为 -rxwr-xr-x
chmod g+w file　#向 file 的文件权限中加入用户组可写权限

四、Linux 系统的输出重定向与管道

在 Linux 命令行模式中，如果命令所需的输入不是来自键盘，而是来自指定的文件，这就是输入重定向。同理，命令的输出也可以不显示在屏幕上，而是写入到指定文件中，这就是输出重定向。在生物信息学分析中，经常需要将程序的过程信息或程序使用说明等信息保存到文件上，这时候就需要进行输出重定向。Linux 系统下，可以通过" > "实现输出重定向。如：

ls > file.txt　　　覆盖内容到 file.txt
ls > > file.txt　　追加内容到 file.txt

注意：一些程序的提示信息，直接通过">"不能实现将信息重重定向到文件，这时候可以通过>&实现。

Linux 系统使用管道将多个命令组合起来，就可以形成了非常强大的工具组合，能完成非常复杂的工作。Linux 使用管道符"｜"将两个命令隔开，管道符左边命令的输出就会作为管道符右边命令的输入。连续使用管道意味着第一个命令的输出会作为第二个命令的输入，第二个命令的输出又会作为第三个命令的输入，依此类推。

五、中文版 Linux 改为英文版

在通过终端访问 Linux 系统时，如果系统是中文版，则可能会有乱码的问题，因此推荐将 Linux 设置成英文版。首先确定使用的是 Root 账户。

（1）修改语言配置文件

```
# vi /etc/sysconfig/i18n    使用 vi 编辑器进行编辑
//编辑此文件，将语言设置为英文
LANG = 'en_ US'

可以将原来使用的语言前加#注释掉
//将语言设置为中文
//LANG = 'zh_ CN'（这个配置项需要注释掉，如需再改为中文，打开此项，注掉上面一项）
保存配置文件，退出
: wq
```

（2）重启系统

```
# reboot
```

六、开启 FTP 服务

FTP 是 File Transfer Protocol（文件传输协议）的英文简称。用于 Internet 上的控制文件的双向传输。基于不同的操作系统有不同的 FTP 应用程序，而所有这些应用程序都遵守同一种协议以传输文件。目前，大多数的基因组数据都是通过这种协议进行传输。在 Linux 系统下，需要进行一些设置开启该功能。步骤如下：

（1）以 root 登录，输入以下两个命令

```
setsebool ftp_ home_ dir on
service iptables stop
```

（2）查看，修改防火墙状态

/etc/init. d/iptables status

添加开放 21 号端口

/sbin/iptables-I INPUT-p tcp——dport 21-j ACCEPT

保存配置

/etc/rc. d/init. d/iptables save

service iptables stop

chkconfig——level 35 vsftpd on

service vsftpd start

(3) 重启防火墙，启用、停用

service iptables {start | stop | restart}

如果不想每次都输入，可以在/etc/rc. d/rc. local 文件中写上这两个命令，系统开机会自动运行。如下：

\#

\# This script will be executed * after * all the other init scripts.

\# You can put your own initialization stuff in here if you don't

\# want to do the full Sys V style init stuff.

touch /var/lock/subsys/local

setsebool ftp_ home_ dir on

service iptables stop

Linux 系统的 FTP 服务器打开之后，可以使用 Windows 系统下的 FlashFXP 等工具登录到 Linux 的 FTP 服务器，从而实现 Windows 系统和 Linux 系统的文件互传（图 1 - 3）。

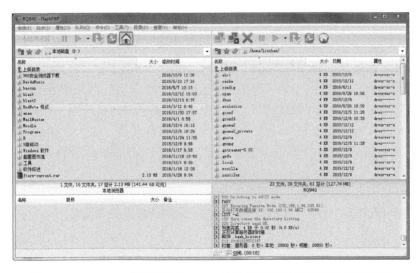

图 1 - 3　Windows 操作系统和 Linux 操作系统通过 FTP 实现文件互传

第三节 生物信息学实验室局域网

局域网指的是在一个特定区域内将多台计算机互联成一个计算机组。局域网是当今网络应用最普遍、最基础的形式，它广泛应用在协同工作、大型网络应用软件系统运行、共享资源等方面。生物信息学实验室的局域网系统在设计时，要考虑到能够依据实际需要进行系统拓展与升级，这种升级能够保持系统内部整体布局不变，仅需要增加一定的机器设备，就可以把原网接入到新网，以避免对原网的破坏，而无端增加投入，提高成本。局域网系统必须要符合现阶段与今后实验室实际发展的需求，充分利用好当前的硬件、软件资源，系统的设计要易于使用与维护。

一、生物信息学局域网实例

生物信息局域网构建之前需要进行调查分析，就是要了解组网的目的、范围以及已有的条件，即利用局域网要干什么，完成什么功能、位置分布及硬件软件有些什么等。现在以本实验室局域网为例进行分析。

实验室硬件设施主要包括：①计算服务器，Linux 操作系统，安装了实验室所需要的生物信息学分析软件，实验室成员都需要登录该服务器进行相关的分析工作。②网络服务器是由 Linux 操作系统、Apache、Mysql 和 PHP/CGI 环境搭建的网络平台，需要外网发布数据，同时管理员也要通过局域网登录进行管理，因此该服务器为双网卡。③NAS存储服务器，生物信息学分析的原始数据和结果数据统一保存在该服务器上，这一方面是因为计算服务器和网络服务器的存储能力不足，另一方面也是因为 Linux 操作系统容易出现问题，使用专用的 NAS 服务器可以提高实验室数据的安全性能。NAS 服务器使用 RAID，在一个硬盘出现故障，更换新的硬盘不会造成数据的丢失。④图形工作站，Windows 操作系统，安装生物信息学分析软件，实验室成员可以直接在工作站上进行分析操作。⑤网络设备，由于局域网需要使用 FTP 进行文件传输，使用 FTerm 进行远程登录，因此要求路由器支持固定 IP，这样就不需要每次进行分配。

实验室局域网首先通过一个 8 口路由器连接就算服务器、网络服务器、NAC 存储服务器和图形工作站，实现内部的数据共享；网络服务器同时连接外网，实现实验室数据的发布。实验室成员可以通过 FTP 与每一个设备进行文件互传，也可以通过 FTerm 在 Windows 操作系统上登录 Linux 操作系统的服务器，不需要每次都在服务器前进行操作，提高了工作效率。

先进的硬件设备是生物信息学实验室局域网的基础，而局域网的安全运行更需要制定相应的规章制度和措施。如：新安装的软件要经过测试再进行安装等。

二、远程登录

Linux 系统大多应用于服务器，而服务器需要放在特定环境下的机房，而不可能放在办公室，所以如果能在办公室的 Windows 系统直接登录到机房服务器的 Linux 系统，即远程登录，则会非常方便。Linux系统是通过ssh服务实现的远程登录功能，ssh服务使用22端口，Linux系统默认安装并开启该服务，不需要额外配置就能直接远程登录Linux系统。在Windows的操作系统上，远程登录Linux需要安装一个终端软件，如：Fterm、SecureCRT、Putty、SSH Secure Shell等。不管你使用哪一个客户端软件，最终的目的只有一个，就是远程登录到Linux服务器上。

（1）FTerm是一个通用的仿真终端软件。FTerm最初是由浙江大学笑书亭BBS的站长fuse开发出来用作登录笑书亭BBS的工具，随着版本发展，它除了可以用来作为BBS客户端，还可以远程登录Linux类系统主机。可以记录账号信息。

（2）Putty是一个Telnet、SSH连接软件。Putty为一开放源代码软件，主要由Simon Tatham维护，使用MIT licence授权。随着Linux在服务器端应用的普及，Linux系统管理越来越依赖于远程。Putty的一个问题是不能记录账号信息，每次登录都需要手动输入（图1-4）。

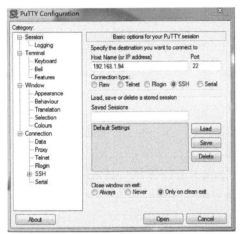

图1-4　putty登录Linux系统

（3）Windows Server远程登录。生物信息实验室中，难免也会有使用Windows Server系统服务器的情况。一般情况下，我们使用Windows系统，运行的快捷键："窗口键+R"，在打开的运行窗口中，输入"mstsc"，点击确定按钮，在新打开的"远程桌面连接"窗口中，输入Windows Server的局域网IP地址，点击连接按钮后输入登录密码即可（图1-5）。

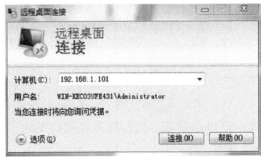

图1-5　Windows Server远程登录

第四节 Windows 系统下构建本地 BLAST

BLAST（Basic Local Alignment Search Tool）是一套在蛋白质数据库或 DNA 数据库中进行序列相似性比较的生物信息学分析工具。BLAST 程序能迅速与网络上的公开数据库或实验室计算机上构建的本地数据库进行相似性序列比较。BLAST 采用一种局部比对算法获得两个序列中具有相似性的序列。

BLAST 的主要程序包括：BLASTP 是蛋白序列与蛋白序列数据库中的查询；BLASTX 是核酸序列与蛋白序列数据库的查询，先将核酸序列翻译成蛋白序列，再将蛋白序列与蛋白序列数据库比对；BLASTN 是核酸序列与核酸序列数据库中的查询；TBLASTN 是蛋白序列到核酸库中的一种查询，与 BLASTX 相反，它是将库中的核酸序列翻译成蛋白序列，再同所查序列作蛋白与蛋白的比对。

BLAST 是生物信息学的基础工具，几乎每一个实验室都会用到，这里，我们将详细介绍在 Windows 系统下搭建和使用本地 Blast 的方法步骤。

一、BLAST 的下载安装

（1）首先从 NCBI 官方网站下载 Blast（ftp：//ftp.ncbi.nlm.nih.gov/blast/executables/blast+/LATEST/）程序，Blast 版本很多，如：Linux 系统版、Windows 系统版、32 位版、64 位版等，因此下载的时候应该注意根据自己的具体情况进行选择。安装过程与其他常用 Windows 软件类似，确定安装位置，点击下一步就可以了。安装完成后，会在安装目录生成 bin、doc 两个子目录，其中 bin 是可执行程序目录，doc 是文档目录。

（2）查看程序是否正常运行，点击 Windows 的"开始"菜单下的"运行"，输入"cmd"调出 MS-DOS 命令行，转到 Blast 安装目录，输入命令"blastn-version"即可查看版本，若能显示说明本地 blast 已经安装成功（图 1-6）。如果系统提示"不是内部或外部命令，也不是可运行的程序或批处理文件"，则可能是因为系统找不到程序的位置，这之后，需要将 Blast 的 bin 目录添加到 Windows 系统的 PATH 变量。右键点击"我的电脑"—"属性"，然后选择"高级系统设置"标签—"环境变量"。点击编辑，在 PATH 值的对话框内输入 Blast 程序 bin 目录的绝对位置，如："C：\ Program Files \ NCBI \ blast -2.5.0+ \ bin；C：\ Program Files（x86）\ IDM Computer Solutions \ UltraEdit \ ；C：\ Perl64 \ bin"。确定之后再一次通过 DOS 命令行运行（图 1-7）。

二、Blast 的使用

（1）本地数据库的构建：Blast 的功能是从数据库中筛选与提交序列相似的序列，因此本地 Blast 的正常运行就需要构建本地序列（核酸或蛋白）数据库。Blast 格式化数据库，命令为：

makeblastdb-indb_ sequence.fasta-dbtype DNA_ Pro-title database_ name-out database_ name

图 1-6 通过 Doc 命令行测试 Blast 是否安装成功

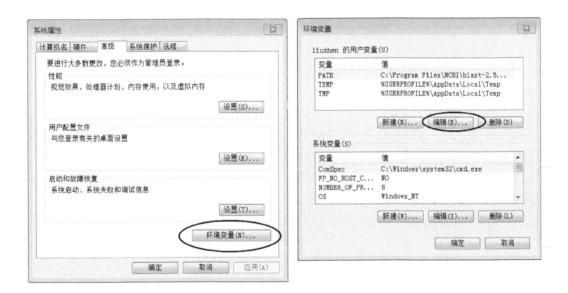

图 1-7 设置 Windows 系统的 PATH 环境变量

-in 参数后面是要构建 blast 库的序列文件，要求由字母、数字、下划线组成的字符串，该文件内保存的是 fasta 格式的序列（纯文本），makeblastdb 命令将以文件内的序列构建 blast 识别的序列数据库格式；

-dbtype 参数后是序列类型：核酸用 nucl 表示，蛋白用 prot 表示；

-title 参数后跟要构建的数据库名，要求由字母、数字、下划线组成的字符串，-title 和 -out 后面的数据库名可以相同。

格式化数据库后，程序创建三个库索引文件，扩展名分别是：.pin、.psq、.phr（蛋白质序列）或 .nin、.nsq、.nhr（对核酸序列）。

(2) 核酸序列相似性搜索：

blastn-db database_ name-query input_ file-out output_ file

－db 参数后面是数据库名，即 makeblastdb 产生的数据库名
－query 参数后面是要进行搜索的序列，纯文本 Fasta 格式
－out 参数后跟结果文件名

(3) 蛋白质序列相似性搜索：

blastp-db database_ name-query input_ file-out output_ file

－db 参数后面是数据库名，即 makeblastdb 产生的数据库名
－query 参数后面是要进行搜索的序列，纯文本 Fasta 格式
－out 参数后跟结果文件名

三、实例讲解

接下来通过一个实例详细说明通过 Blast 搜索相似序列的操作。要进行 Blast 相似搜索首先要构建一个搜索的库，将构建库的序列以 fasta 格式保存到一个文本文件（记事本）中，将该文件命名为"seq_ db.fasta"需要注意文本文件的后缀"txt"是否隐藏，blast 在建库时需要输入文件的全名（包括后缀）。文件中的内容如下，其中序列的名字以 one、two、three 等代替。

文件名：seq_ db.fasta
>one
ATAGGACGCGTTTTCAAAAACATCAAGNGATTTCAAAATAACACGANTACAAGTAAGACTTC
CTGCATAANCAAACGGTTTTTCTCAAANTTACACGNGNCGTTAGGGTGTGGCAATGGCGGTG
TGCATGTCTAGGATTGGNTCCNAAGGGAGCTTGGTACTTAAGCAGTCCGACGGACTCACCTC
CTCTTCTTCCTGGTTTCCTACCTGGTGGACAGCTTTATTAGGAACAGTNAAACAATTTTNAAA
AGTAAATTTTTACGNCCTGAACTTTTAAACTAAGTAAAGGAACGTTTCGAATGCTCGATTGC
>two
CCAAAAGTATTTTCCCAATTTTCTCTCTGTGCGTTCTTAGTTTAGATAATTAGTTTAGTTAAAA
CAAANCCCTTAATTCTTAGGCTAGATAATAAAAAGANAGTAATTACTAGTACTTTTAGTTCCTT
TGGGTTCGACAATCCGGTCTCGCCANAACTATACTACTGTTCGATAGGTACACTTGCCTTNAT
CGCGATAATAGTTAGTTTCAAGAACGANTAATTATAAATATTTAAAACCTATCACGAATATCAC
GCATCAAGTTTTTGGCGCCGTTGCCGGGGAACTAGGATATTAGGAACACTCGATTTTT
>three
TGTTAGAGTTGTGTGACCCAAATTCTTATTNAAATAAAATACAAGTGGCAAGATAGAGGTAA
AAGTAGAATCCGTATAGAATTATACTTCNTCTATTTGATATTGATTAGAATAAGGTGTTTCAAC

CTTACTAACTACTTCTATTTGACATTGATTAGAATATGGTTTTNCAANCCTATAAATAGACATA
GTCGACTCTCCTTTGTATTATTCGAATTCGACATAGTGAATTNTCTTCTCCTCTGCCCGTGGTT
TTTTTCCCGAAAGGGTTTCCACGTAAAATTCTGTGTGTTCTTNTTCTTCTCTTTTCGAT

>four

CTAGGATTGGATCCAATCGAAGAGCTTGGTACTTAAGCAGCCTTCATGGCTCACCTCCTCTGT
CTCGGATACCTACCTGGTGCACAGCTTCCATTCACTTTGTTAGCTCAACAAAAGATTTTTTAA
AACACTAAAACGGAACGCGGGTTTTCGACTTCGATGTGGCACTCCGGATTCGGCCATAACGT
CTGGGCCGGGTTTGGGGTGTTACATTTAGTGGTATCAGAGCCNAGGTTGCAACAACTCGGCT
CCTCCGGCCCAAGTCTGTAAGTTTNCTCAATNTTTCTGNTATGCACTACTGATATNATGCTCT
G

>five

CTCCGTTGTCCAAAGNTTCAGAGTGACAGGGTCTATTCTAGAGCCGCNAATGTCCCGACNTT
TTNGAAGAAGCTGATGAGTATTACGGGGATGAGCGAGCAGTGGGTCGCGGCCCGGATTAAG
CAAAAGGGGGANNGTAAGTGCATTCCTTGGAAGANTTTGAGGGATTTGATTCTGACGCACC
CNGATGNGAAGAAGAGGGTNGACGTCTTTGCTTTGAGTATNTACGGATTGGTNGTCTTCCCC
AAGGCNTTGGGGCATGTGGACGAGGCGGTCNCNGATCTNTTTGACCGGCTCGGTAAAAGGG
TCACGCC

>six

AGGCCGTGGAGGTGCTCGGGCTGGGTCTTCGNCATCNGGCCATATGCCTAACGTTGAGGTTA
GGGAGGCACCGNCTTCACCTGCGATTGAGACTGGGTCACACGATCGTGCAGCTGGGGACGA
CGCGCTGTCCCAAGCTATGTTGCGAATTCTGGAGAGGGTCGTTGGGCCCAATACTGGTNCTG
TGGGCCGTGGGTCGGTGACGGAACGACTCAAGTCTAATGGGGCTGANATCTTAAGGGGTAT
CGCTGGAGTTGCCCCTAATGTGGCTGAATATTTGATNGAGGCCACAGAGAGGATCATGGATG
ACCTCG

在Windows系统下，打开DOS命令行窗口，进入到"seq_db.fasta"所在的文件夹，如："D：\blast"，输入命令"makeblastdb-in db_sequence.fasta-dbtype DNA_Pro-title database_name-out database_name"，建库过程可以很快完成（图1-8），当前文件夹产生blast_DB.nhr、blast_DB.nin和blast_DB.nsq三个文件，这三个文件就是blast需要的库文件。

建库完成后，就可以搜索需要的序列了。由于上面构建的blast库太小，为了能够在库中搜索到明确的结果，因此，我们搜索库的one序列，将该序列保存到文件名为"seq_in"的文件中，为了便于后面的比较，我们将其更名为input_one，格式如下：

文件名：seq_in

>input_one

ATAGGACGCGTTTTCAAAAACATCAAGNGATTTCAAAATAACACGANTACAAGTAAGACTTC
CTGCATAANCAAACGGTTTTTCTCAAANTTACACGNGNCGTTAGGGTGTGGCAATGGCGGTG
TGCATGTCTAGGATTGGNTCCNAAGGGAGCTTGGTACTTAAGCAGTCCGACGGACTCACCTC
CTCTTCTTCCTGGTTTCCTACCTGGTGGACAGCTTTATTAGGAACAGTNAAACAATTTTNAAA
AGTAAATTTTTACGNCCTGAACTTTTAAACTAAGTAAAGGAACGTTTCGAATGCTCGATTGC

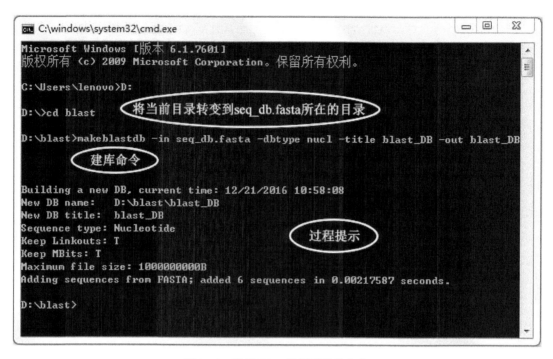

图1-8 构建 Blast 数据库操作命令

在 DOS 窗口中输入：

blastn-dbblast_ DB-query seq_ in-out blast. result

运行结束后，产生结果文件 blast. result，我们可以预测到，要查询的 input_ one 序列在库中应该有一个序列与其100%相似。

BLASTN 2. 2. 31 +

Reference：Zheng Zhang, Scott Schwartz, Lukas Wagner, and Webb Miller (2000)，"A greedy algorithm for aligning DNA sequences"，J Comput Biol 2000；7（1~2）：203-14. 这里是参考文献

Database：blast_ DB

    6 sequences；1, 879 total letters 搜索库简介

Query = input_ one 查询序列的情况

Length = 311

查询结果列表

Sequences producing significant alignments：	Score (Bits)	E Value
one	534	6e-156

> one

Length = 311

在库中搜索到的相似序列的情况

Score = 534 bits(289), Expect = 6e-156

Identities = 311/311(100%), Gaps = 0/311(0%)

Strand = Plus/Plus

序列比对

```
Query  1    ATAGGACGCGTTTTCAAAAACATCAAGNGATTTCAAAATAACACGANTACAAGTAAGACT  60
            ||||||||||||||||||||||||||||||||||||||||||||||||||||||||||||
Sbjct  1    ATAGGACGCGTTTTCAAAAACATCAAGNGATTTCAAAATAACACGANTACAAGTAAGACT  60

Query  61   TCCTGCATAANCAAACGGTTTTTCTCAAANTTACACGNGNCGTTAGGGTGTGGCAATGGC  120
            ||||||||||||||||||||||||||||||||||||||||||||||||||||||||||||
Sbjct  61   TCCTGCATAANCAAACGGTTTTTCTCAAANTTACACGNGNCGTTAGGGTGTGGCAATGGC  120

Query  121  GGTGTGCATGTCTAGGATTGGNTCCNAAGGGAGCTTGGTACTTAAGCAGTCCGACGGACT  180
            ||||||||||||||||||||||||||||||||||||||||||||||||||||||||||||
Sbjct  121  GGTGTGCATGTCTAGGATTGGNTCCNAAGGGAGCTTGGTACTTAAGCAGTCCGACGGACT  180

Query  181  CACCTCCTCTTCTTCCTGGTTTCCTACCTGGTGGACAGCTTTATTAGGAACAGTNAAACA  240
            ||||||||||||||||||||||||||||||||||||||||||||||||||||||||||||
Sbjct  181  CACCTCCTCTTCTTCCTGGTTTCCTACCTGGTGGACAGCTTTATTAGGAACAGTNAAACA  240

Query  241  ATTTTNAAAAGTAAATTTTTACGNCCTGAACTTTTAAACTAAGTAAAGGAACGTTTCGAA  300
            ||||||||||||||||||||||||||||||||||||||||||||||||||||||||||||
Sbjct  241  ATTTTNAAAAGTAAATTTTTACGNCCTGAACTTTTAAACTAAGTAAAGGAACGTTTCGAA  300

Query  301  TGCTCGATTGC  311
            |||||||||||
Sbjct  301  TGCTCGATTGC  311
```

Lambda   K   H
 1.33   0.621   1.12

Gapped
Lambda   K   H
 1.28   0.460   0.850

Effective search space used: 540293

Database: blast_ DB
  Posted date: Dec 21, 2016 10:58 AM
Number of letters in database: 1,879
Number of sequences in database: 6

Matrix: blastn matrix 1-2
Gap Penalties: Existence: 0, Extension: 2.5

参考文献

[1] 张洛欣,马斌.生物信息学基础教程[M].北京:高等教育出版社,2015.

[2] 李霞,雷健波.生物信息学[M].2版.北京:人民卫生出版社,2015.

[3] 陈铭.生物信息学[M].2版.北京:科学出版社,2015.

[4] 雷阳.水稻生物信息平台构建[D].武汉:华中农业大学,2014.

[5] Borozan I, Wilson S, Blanchette P, et al. CaPSID: a bioinformatics platform for computational pathogen sequence identification in human genomes and transcriptomes [J]. BMC Bioinformatics, 2012, 13: 206.

[6] 王勇献,王正华.生物信息学导论[M].北京:清华大学出版社,2011.

[7] 孟双,徐冲.生物信息学在生物学研究领域的应用[J].微生物学杂志,2011(1):78-81.

[8] 林丽萍,黄群杰.浅析学校机房局域网的组建与管理[J].科技传播,2010(12):209-210.

[9] 强燕梅.棉花生物信息平台的构建及关键技术的研究[D].南京:南京农业大学,2009.

[10] 马壮飞.实验室局域网建设探讨[J].电脑知识与技术,2009(24):6902-6903.

[11] 马相如,王红梅,顾延生,等.基于局域网的生物信息学应用与开发平台的建立[J].计算机应用,2009(S1):387-389.

[12] 李松,王英.生物信息学在生命科学研究中的应用[J].热带医学杂志,2009(10):1 218-1 220.

[13] 唐旭清,朱平.后基因组时代生物信息学的发展趋势[J].生物信息学,2008(3):142-145.

[14] Mount D W. Using the Basic Local Alignment Search Tool (BLAST) [EB/OL]. CSH Protoc, 2007, 2007 pdb top17.

[15] 钟扬,张亮,赵琼.简明生物信息学[M].北京:高等教育出版社,2006.

[16] 朱杰.生物信息学的研究现状及其发展问题的探讨[J].生物信息学,2005(4):185-188.

[17] 陈铭.后基因组时代的生物信息学[J].生物信息学,2004(2):29-34.

[18] 郝柏林.生物信息学[J].中国科学院院刊,2000(4):260-264.

[19] Altschul S F, Madden T L, Schaffer A A, et al. Gapped BLAST and PSI-BLAST: a new generation of protein database search programs [J]. Nucleic Acids Res, 1997, 25 (17): 3 389-3 402.

[20] Altschul S F, Gish W, Miller W, et al. Basic local alignment search tool [J]. J Mol Biol, 1990, 215 (3): 403-410.

第二章 生物信息数据库的使用与构建

生物学数据的存储是生物信息学的重要研究领域之一，数据库技术解决了海量生物学数据、已有研究成果和技术等信息的存储问题。大量生物学尤其是分子生物学实验数据的积累，形成了大量的生物信息学数据库。目前，各类生物信息学数据库几乎覆盖了生命科学的各个领域。网络技术的飞速发展为分子生物学家利用这些信息资源提供了前所未有的机遇，生物信息的使用者可以方便地通过对各种数据进行查询、检索与借鉴，生物信息数据库在生命科学各个领域的研究中起到重要的支撑作用，是一切生物信息学工作的出发点。

生物信息学数据库具有以下四个特点：①种类多。生物信息学各类数据库几乎覆盖了生命科学的各个领域，如序列数据库、结构数据库、基因组数据库、文献数据库物种分类数据库等。②更新快。随着高通量测序技术和信息技术的发展，生物信息学数据库的规模以指数形式增长。③复杂性增加。数据库之间相互引用，使得相关信息相互关联，更加方便查询，数据库也更加复杂。④数据库使用高度计算机化和网络化。

生物信息数据库种类繁多。主要包括：核酸和蛋白序列数据库、结构数据库、基因组数据库以及以这些数据库为基础构建的二级数据库。序列数据库来自序列测定，结构数据库来自 X - 衍射和核磁共振结构测定，这些由实验数据直接构建的数据库通常称为一级数据库。根据生命科学不同研究领域的实际需要，对核酸和蛋白质序列、结构以及文献等数据进行分析、整理、归纳、注释，构建具有特殊生物学意义和专门用途的二级数据库，是数据库开发的重要途径。

生物信息学研究过程中，一方面会经常使用已有数据库中的资源，另一方面也会根据实验的需要构建自己的数据库。本章将主要介绍 NCBI 数据库的资源、检索方法、数据格式和通过 Linux + Apache + Mysql + PHP 构建实验室数据库。

第一节 NCBI 数据库资源

美国国立生物技术信息中心（National Center for Biotechnology Information），即我们所熟知的 NCBI（http://www.ncbi.nlm.nih.gov/），是由美国国立卫生研究院于 1988 年创办，其初衷是提供生物医学信息储存和处理系统，它的主要使命包括：①建立分子生物学、生物化学和遗传学知识的存储和分析系统；②基于计算机处理的生物学重要分子和复合物的结构和功能分析方法研究；③促进生物技术研究者对数据库和软件的使用；④促进全世界范围内的生物技术信息收集。NCBI 除了建有 GenBank 核酸序列数据库之外，还提供众多功能强大的数据检索与分析工具，如：Entrez、BLAST、ORFfinder 等，这些均可以在 NCBI 的主页上找到相应链接（图 2-1）。

图 2-1　NCBI 首页

Genbank 数据库包含了所有已知的核苷酸序列以及相关的文献著作和生物学注释。数据来源于测序工作者提交的序列、测序中心提交的大量 EST 序列和其他测序数据。每条 Genbank 数据记录都包含了序列的简要描述、科学命名、物种分类名称、参考文献、序列特征表以及序列本身。序列特征表里包含对序列生物学特征注释。

Unigene 数据库，Unigene 是 Universal Gene 的英文缩写，意为广泛通用的基因数据库，通过电脑对相同基因座（Locus）的收集整理集合形成一个非冗余的基因数据库。

Protein 数据库是一个综合来自其他资源中的蛋白序列集合，方便研究者的直接查询。该序列库中的资料来至 Genbank 和其他的蛋白序列库如 PIR、SWISS-PROT、PROSITE、PDB、SCOP 等。

PubMed 文献数据库提供生物医学方面的论文，可以在 PubMed 中查找感兴趣的文献，进行文献挖掘分析时，也需要该数据库的资源。PubMed 提供主题词、关键词、期刊等多种检索途径，并有识别相关术语和词汇自动转换功能，是广大生物医学科研和从业人员访问最多的网络生物医学数据库。目前该数据库可提供许多种期刊的全文链接。

Books 数据库不断收集生物医学方面的书籍，提供这些书籍的出版信息、摘要、目录和全文的链接，用户可以直接在检索文本框内输入一个观念就可以查询。

GEO（Gene Expression Omnibus DataSets）数据库储存基因表达数据，数据来自芯片和新一代的测序仪得到的试验数据。GEO 除了收录基因表达数据之外还收录其他数据，例如基因组拷贝数变异数据、基因组—蛋白相互作用数据以及基因组甲基化数据等。该数据库既接受原始数据，也接受经过处理的数据，不过这些数据都要符合"有关芯片试验的最小信息标准。该数据库能存储好几种格式的数据，包括 web 格式、spreadsheets 格式、XML 格式和纯文本格式。GEO 数据库被分为两个部分收录在 Entrez 中，分别是 GEO Profiles 数据库，负责收录一个基因在一次试验中的定量基因表达数据；GEO 数据库收录整个试验的数据。

OMIM 数据库是一个人类遗传学和遗传疾病数据库，它收集了各种已公布的人类基因以及由这些基因突变或缺失而导致的各种遗传病，包括基因名称、遗传谱系、作图位点、基因多态性、基因功能、基因治疗及分子遗传学等。该数据库在人类遗传方面具有非常重要的应用价值。

Taxonomy 数据库综合了各种种属和分类知识资源，包括已出版文献、网络数据库和分类专家提供的生物物种分类树形结构，各种物种信息的链接，可得到生物种属的遗传信息。

Structure 数据库或称分子模型数据库（MMDB），包含来自 X 线晶体学和三维结构的实验数据。MMDB 的数据从 PDB（Protein Data Bank）获得。NCBI 已经将结构数据交叉链接到书目信息、序列数据库和 NCBI 的 Taxonomy 中运用 NCBI 的 3D 结构浏览器和 Cn3D，可以很容易地从 Entrez 获得分子的分子结构间相互作用的图像。

NCBI 数据库检索

NCBI 包含了很多数据库，Entrez 提供了一个统一的查询界面，是目前国际上最为著名的生物信息数据库查询系统（图 2－2）。它将序列、结构、文献、基因组、系统分类等不同类型的数据库整合在一个检索平台进行查询，利用计算机网络将多个数据库链接起来，极大地方便了用户。NCBI 数据库的检索方法很简单，在检索框中输入检索词，多个检索词可以通过逻辑与 AND，逻辑或 OR，逻辑非 NOT 进行组合，运算顺序是从左到右执行，可以通过小括号"（）"改变运算次序。在 Entrez 主页的查询对话框中输入关键词"all［filter］"，Entrez 会显示其各数据库的记录总数。

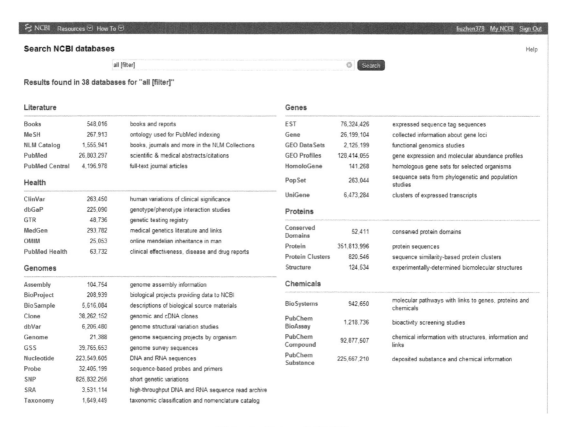

图 2-2 Entrez 检索系统

第二节 数据存储格式

一、FASTA 格式

FASTA 格式又称 Pearson 的格式，第一行以 ">"开始，紧跟序列的名字、简要注释等，这部分内容可以根据自己的需要进行修改，第二行开始是序列本身。多条核苷酸序列格式即将该格式连续列出即可，Fasta 格式是很多计算机软件支持的格式。

```
>gi | 262522015 | gb | FP046168.1 Agglutinin-Castanea crenata
ACAAGTCGCTTCGATTCTCTCTTAGCTAGTGATCATCATCTCTTTGCAACATGGAGGAGTTCTTGACGGT
TGGGCTGTGGGGAGGTGAAGGTGGAGACCGGTGGAGCTTCGTGGTAAATAATGGTGGGATCATTGGGATG
GAAATCGTTCATGCAAATGGCATCGAATCAATTACATTCAAATGTGGAGATGAGTATGGTGTACTCCAGC
ATTCTAGGAAGTTTGGTGGTACTGGTGGCGTCTGGCAAACTGACAAGATATCGCTCAACTGGCCTGAAGA
GTACCTGACATCCATTAGCGGTACAGTTGCTGACTTGTGGCAGCATACTATAATTCGTTCTCTAAGTTTT
AAAACAAATAAGGGTAATGAGTACGGACCCTATGAACTGTGACCGGTCAACCATTTTCCTACAGTACGG
AGGGTGGCGTAATTGTTGGATTCCATGGTCGTTCGGGTACTTTACTTGATGCCATTGGTGCCTATGTGAA
```

AATACCGCGGAAAAAGGACAATACTTTGAAAATGGCTTTACCTGTTCCTCGAGGACCTGGGCCGTGGGGT
GGGCATGGCGGGATGGAATGGGATGATGGAGTTT

二、FASTQ 格式

fastq（https：//en.wikipedia.org/wiki/FASTQ_format）是以文本形式来存储序列信息的格式，后缀名通常为.fastq 或者.fq，与 fasta 不同的是，它除了存储序列本身外还存储了序列中每个单元所对应的质量分数，所以 fastq 格式通常用于高通量测试数据的存储。早期是有 Sanger 机构开发的，但是现在已经演变成一个高通量测序的标准了。

fastq 格式文件中一个完整的单元分为四行，每行的含义如下：

第一行：以@开头，内容同 fasta 的描述行类似

第二行：具体的碱基序列

第三行：以+开头，后面的内容可以和第一行类似，也可以什么都没有只留+

第四行：以 ASCII 字符集（分数）编码来表示对应碱基的测序质量

比如下面的这个例子：

@SEQ_ID
GATTTGGGGTTCAAAGCAGTATCGATCAAATAGTAAATCCATTTGTTCAACTCACAGTTT
+
!"*((((****+))%%%++)(%%%%).1***-+*"))**55CCF>>>>>>CCCCCCC65

三、Genebank 格式

Genebank 格式包含了更多序列注释信息，通过 genebank 格式可以方便地获取序列相关信息。这些信息包括：LOCUS 序列名称，DEFINITION 序列简单说明，ACCESSION 序列编号，VERSION 序列版本号，KEYWORDS 与序列相关的关键词，SOURCE 序列来源的物种名，ORGANISM 序列来源的物种学名和分类学位置，REFERENCE 相关文献编号，或递交序列的注册信息，AUTHORS 相关文献作者，或递交序列的作者，TITLE 相关文献题目，JOURNAL 相关文献刊物杂志名，或递交序列的作者单位，MEDLINE 相关文献的 Medline 引文代码，REMARK 相关文献的注释，COMMENT 关于序列的注释信息，DR 数据库的交叉引用号，FEATURES 序列特征表起始，FT 序列特征表的子项，BASECOUNT 碱基种类统计数。

```
LOCUS       FP046168           594 bp    mRNA    linear   EST 05-NOV-2009
DEFINITION  FP046168 LG0AAC Quercus petraea cDNA clone LG0AAC24YI09RM1 similar
            to LECA_CASCR Agglutinin.-Castanea crenata, mRNA sequence.
ACCESSION   FP046168
VERSION     FP046168.1  GI：262522015
DBLINK      BioSample：LIBEST_025360
```

```
KEYWORDS    EST.
SOURCE      Quercus petraea (sessile oak)
  ORGANISM  Quercus petraea
            Eukaryota; Viridiplantae; Streptophyta; Embryophyta; Tracheophyta;
            Spermatophyta; Magnoliophyta; eudicotyledons; Gunneridae;
            Pentapetalae; rosids; fabids; Fagales; Fagaceae; Quercus.
REFERENCE   1  (bases 1 to 594)
  AUTHORS   Salin, F., Frigerio, J. M., Moreau, M., Chaumeil, P., Leger, P., Le
            Provost, G., Couloux, A., Wincker, P. and Plomion, C.
  TITLE     An EST ressource for Quercus
  JOURNAL   Unpublished (2009)
COMMENT     Contact: Genoscope
            Genoscope-Centre National de Sequencage
            BP 191 91006 EVRY cedex-FRANCE
            Email: seqref@genoscope.cns.fr, Web: www.genoscope.cns.fr.
FEATURES            Location/Qualifiers
     source         1..594
                    /organism = "Quercus petraea"
                    /mol_type = "mRNA"
                    /db_xref = "taxon: 38865"
                    /clone = "LG0AAC24YI09RM1"
                    /tissue_type = "apical bud"
                    /dev_stage = "two year old seedlings"
                    /clone_lib = "LIBEST_025360 LG0AAC"
                    /note = "Vector: Pbluescript SK-; Site_1: EcoRI; Site_2:
                    XhoI; The Library was made using the ZAP-cDNA Library
                    Construction Kit (Stratagene) and apical buds harvested on
                    2 years old seedlings during their development from the
                    dormant bud to the elongating shoot. A mixture of 15
                    genotypes was used."
ORIGIN
        1 acaagtcgct tcgattctct cttagctagt gatcatcatc tctttgcaac atggaggagt
       61 tcttgacggt tgggctgtgg ggaggtgaag gtggagaccg gtggagcttc gtggtaaata
      121 atggtgggat cattgggatg gaaatcgttc atgcaaatgg catcgaatca attacattca
      181 aatgtggaga tgagtatggt gtactccagc attctaggaa gtttggtggt actggtggcg
      241 tctggcaaac tgacaagata tcgctcaact ggcctgaaga gtacctgaca tccattagcg
      301 gtacagttgc tgacttgtgg cagcatacta taattcgttc tctaagtttt aaaacaaata
      361 agggtaatga gtacggaccc tatggaactg tgaccggtca accattttcc tacagtacgg
      421 agggtggcgt aattgttgga ttccatggtc gttcgggtac tttacttgat gccattggtg
      481 cctatgtgaa aataccgcgg aaaaaggaca atactttgaa aatggcttta cctgttcctc
      541 gaggacctgg gccgtggggt gggcatggcg ggatggaatg ggatgatgga gttt
//
```

四、EMBL 格式

EMBL 格式文件可以包含多条序列，每个序列条目都以"ID"开始，紧跟一些注释信息，序列的开始标记为"SQ"，结束标记为"//"。

```
ID   M55556; SV 1; linear; mRNA; STD; PLN; 570 BP.
XX
AC   M55556;
XX
DT   24-JAN-1992 (Rel. 30, Created)
DT   04-MAR-2000 (Rel. 63, Last updated, Version 2)
XX
DE   Galanthus nivalis lectin (LECGNA 2) mRNA, complete cds.
XX
KW   lectin.
XX
OS   Galanthus nivalis (common snowdrop)
OC   Eukaryota; Viridiplantae; Streptophyta; Embryophyta; Tracheophyta;
OC   Spermatophyta; Magnoliophyta; Liliopsida; Asparagales; Amaryllidaceae;
OC   Amaryllidoideae; Galanthus.
XX
RN   [1]
RP   1-570
RA   van Damme E. J. M., Kaku H., Perini F., Goldstein I. J., Peeters B., Yagi F.,
RA   Decock B., Peumans W.;
RT   "Biosynthesis, primary structure and molecular cloning of snowdrop
RT   (Galanthus nivalis L.) lectin";
RL   Unpublished.
XX
DR   MD5; f1bc9704244314f64e2e2e1c3218553f.
XX
FH   Key             Location/Qualifiers
FH
FT   source          1..570
FT                   /organism = "Galanthus nivalis"
FT                   /mol_type = "mRNA"
FT                   /tissue_type = "ovary"
FT                   /db_xref = "taxon: 4670"
FT   sig_peptide     18..86
FT                   /gene = "LECGNA 2"
FT   CDS             18..491
```

FT		/codon_start=1
FT		/gene="LECGNA 2"
FT		/product="lectin"
FT		/db_xref="GOA：P30617"
FT		/db_xref="InterPro：IPR001480"
FT		/db_xref="PDB：1JPC"
FT		/db_xref="PDB：1MSA"
FT		/db_xref="PDB：1NIV"
FT		/db_xref="UniProtKB/Swiss-Prot：P30617"
FT		/protein_id="AAA33346.1"
FT		/translation="MAKASLLILAAIFLGVITPSCLSDNILYSGETLSTGEFLNYGSFV
FT		FIMQEDCNLVLYDVDKPIWATNTGGLSRSCFLSMQTDGNLVVYNPSNKPIWASNTGGQN
FT		GNYVCILQKDRNVVIYGTDRWATGTHTGLVGIPASPPSEKYPTAGKIKLVTAK"
FT	mat_peptide	87..401
FT		/gene="LECGNA 2"
FT		/product="lectin"
XX		
SQ		Sequence 570 BP；157 A；132 C；135 G；146 T；0 other；

```
     caactacaag ttacaaaatg gctaaggcaa gtctcctcat tttggccgcc atcttccttg      60
     gtgtcatcac accatcttgc ctgagtgaca atattttgta ctccggtgag actctctcta    120
     caggggaatt tctcaactac ggaagtttcg tttttatcat gcaagaggac tgcaatctgg    180
     tcttgtacga cgtggacaag ccaatctggg caacaaacac aggtggtctc tcccgtagct    240
     gcttcctcag catgcagact gatgggaacc tcgtggtgta caccccatcg aacaaaccga    300
     tttgggcaag caacactgga ggccaaaatg ggaattacgt gtgcatccta cagaaggata    360
     ggaatgttgt gatctacgga actgatcgtt gggctactgg aactcacacc ggacttgttg    420
     gaattcccgc atcgccaccc tcagagaaat atcctactgc tggaaagata aagcttgtga    480
     cggcaaagta atgaccggtg atcttttaac ttgcatgtat gtgggaagag taataaaata    540
     agtgcatttg agataatcga cctcgtcgcg                                      570
//
```

五、采用 XML 实现生物数据库的整合

XML 是可扩展标记语言（Extensible Markup Language）的缩写，可扩展标记语言（标准通用标记语言的子集）是一种简单的数据存储语言，使用一系列简单的标记描述数据，而这些标记可以用方便的方式建立。XML 的这些特点使其易于在任何应用程序中读写数据，这使 XML 很快成为数据交换的唯一公共语言。

生物信息学数据库中的数据一般来自于科学家向数据库提交自己的实验结果，生物信息学数据库种类多，增长速度快，分布位置不集中、形式也不统一，加之当前的各个生物数据库的建立时间和创建目的也不尽相同，致使采用的描述格式达到了十几种

之多，这些格式虽然都是标准 ASCII 码纯文本文件，但在显示各种信息或序列本身的某些字符时却有较大不同，因而非常不利于数据的共享和信息的查询，也不利于计算机的处理。

生物数据整合可以为研究人员节省许多数据转换的工作，也有利于数据共享。生物数据库中，对生物数据的描述主要由原始序列数据和描述这些序列数据的生物信息的注释两部分组成，注释包括对序列数据来源、功能以及特性等进行描述。XML 可以将毫无结构的文档数据用半结构化的形式描述，各系统都采用 XML 描述语言以解决数据的语法异构问题。在深入研究互联网上的各种公用生物信息数据库的有关性能之后，可以从生物学意义的角度选择生物信息数据库，整合其数据及服务资源，利用 XML 技术将异构的生物信息数据进行格式转换（表 2-1）。

表 2-1 序列格式转换工具

软件名	功能简介
ABI to FASTA converter	ABI 转换为 FASTA 格式软件
abi2xml	将 ABI 格式的 DNA 序列文件转化为 XML 格式文件的软件
Convertrix	DNA 序列格式批量转换
FASTA/BLAST SCAN	用来对 FASTA 与 BLAST 查询输出的文件进行处理，并以 Pearson 格式输出序列文件，便于使用其他分析软件分析检索出的序列
ForCon	核酸与蛋白质不同序列格式文件的转换软件，可双向转换各种常见的多序列格式文件。连续序列形式与隔行序列形式，也可互相转换
GenBank to FASTA converter	将 GenBank 格式转换为 FASTA 格式
GeneStudio	序列格式显示、编辑与转换工具软件
MatchCode	于蛋白和核酸的简单匹配和格式化输出，用于数据格式化后投稿用
Readseq	序列编辑与格式转换软件，JAVA 语言编写
RevComp	序列格式转换软件，获得 DNA 序列的互补序列并保存为文本格式
SeqCorator	编辑各种可供发表文章用的序列展示格式软件
SeqnConverter	将不同格式的序列文件转换成 FASTA 格式软件
SeqVerter	序列格式转换软件，将来自不同文件的序列并入一个多序列文件以及将序列从一个多序列文件中分成不同单序列文件
Visual Sequence Editor	序列输入分析和格式转换软件
XML2PDB	XML 格式 3 维分子文件转换为 PDB 格式文件的软件
SMS	DNA 与蛋白序列分析与格式化在线工具集合

第三节 著名的生物信息学数据库

国际核酸序列数据库 INSD（International Nucleotide Sequence Databank），由欧洲的 EMBL（http://www.ebi.ac.uk/）、美国的 GenBank（https://www.ncbi.nlm.nih.gov/genbank/）和日本的 DDBJ（http://www.ddbj.nig.ac.jp/）三家各自建立和共同维护（表 2-2）。

表 2-2 生物信息学数据库

类别	数据库	简介
RNA 数据库	snoRNA	小核仁 RNA 数据库
	TransTerm	信使 RNA 的组分和翻译控制数据库
	ncRNA	非编码 RNA 数据库
	RNAmods	RNA 修饰数据库
	PLMItRNA	绿色植物线粒体 tRNA 分子和 tRNA 基因的数据库
	SSU rRNA	欧洲核糖体小亚基 RNA 结构数据库
	LSU rRNA	欧洲核糖体大亚基 RNA 结构数据库
	GDB	人类基因组数据库
核酸序列数据库	GenBank	核苷酸数据库 http://www.ncbi.nlm.nih.gov
	EMBL	核苷酸数据库 http://www.ebi.ac.uk/embl
	DDBJ	核苷酸数据库 http://www.ddbj.nig.ac.jp/
文献数据库	PubMed	文献数据库
	Agricola	https://agricola.nal.usda.gov/

TIGR（The Institute of Genomic Research）有大量的基因组数据和标记表达序列数据，包括了微生物、植物及人类的 DNA 及蛋白质序列，基因表达，细胞的作用，蛋白质家族及分类数据，是一套大型综合数据库。在它收录的多种多样的数据库中，微生物基因组数据库是世界上著名的基因组数据库。此外，其还拥有世界上最大的 cDNA 数据库。

重复序列数据库 RepBase（http://www.girinst.org/repbase/），真核生物 DNA 中重复序列数据库。包括目前已知的微卫星重复序列、LINE、SINE 和 LTR 转座子等各种重复序列，是依据同源序列挖掘基因组重复序列（RepeatMasker）的基础。

KEGG（http://www.kegg.jp/）由日本京都大学生物信息学中心建立，是国际上著名的代谢途径数据库，以"理解生物系统的高级功能和实用程序资源库"著称。KEGG 的 PATHWAY 数据库整合当前在分子互动网络（比如通道、联合体）的知识，KEGG 的 GENES/SSDB/KO 数据库提供关于在基因组计划中发现的基因和蛋白质的相关知识，KEGG 的 COMPOUND/GLYCAN/REACTION 数据库提供生化复合物及反应方面的知识。

GO（GeneOnotology）数据库，提供了三层结构的系统定义方式，用于描述基因产物的功能。生物学上定义混乱造成不同数据库使用不同的术语，这就给精确的计算机搜寻造成困难。GO 开发了具有三级结构的语义词汇标准（Ontologies），根据基因产物的相关生物学途径、细胞学组件以及分子功能而分别给予定义，与具体物种无关。GO 的工作大致可分为三个部分：第一，给予并维持语义（terms）；第二，将位于数据库当中的基因、基因产物与 GO 本体论语言当中的语义（terms）进行关联，形成网络；第三，开发相关工具，使本体论标准语言的产生和维持更为便捷。GO 的定义法则已经在多个合作的数据库中使用，这使在这些数据库中的查询具有极高的一致性。这种定义语言具有多重结构，因此在各种程度上都能进行查询。

蛋白质家族数据库 Pfam（http：//pfam.xfam.org/），蛋白质一般由一个或多个功能区，这些区通常被称为域，因此鉴别蛋白质的结构域对理解蛋白质的功能有重要意义。Pfam 数据库通过多序列比对和隐马尔科夫模型的形式来表示具有相似结构域的蛋白质家族，寻找相似功能蛋白的时候经常会用到这个数据库的数据。

NAR（Nucleic Acids Research）DATABASE（http：//database.oxfordjournals.org/）是一个介绍生物信息学数据库的期刊杂志，围绕生物信息数据库研究，旨在帮助数据库开发（图 2-3）。

图 2-3　数据库期刊

第四节　生物信息学数据库的构建方法

生物信息学中，需要通过构建数据库发布实验室的相关数据，这种数据库一般需要配合一些 Blast 等程序，而这一要求在购买的网络空间中是很难实现的，因此，就需要依据自己的实验室搭建网络服务器平台，从而发布数据库。构建数据库最常用的工具是 LAMP，即：linux + apache + Mysql + PHP/Perl。这是一套完整的数据库服务器软件系统，而且免费开源。在使用的时候，需要注意：①不要使用 Linux 系统默认安装的程序；②首先安装 Apache 或 Mysql，PHP 一定要最后安装。

一、Apache 的安装与启动

（1）检查是否已经安装，如果已经安装，删除。

```
rpm-qa | grep httpd
#rpm-e 包名——nodeps // 凡是名字中包含 "httpd" 的全部删除
```

（2）从 http://httpd.apache.org/ 下载 apache 安装程序 "httpd – 2.4.23.tar.gz"。
（3）解压。

```
tar-xvf httpd – 2.4.23.tar.gz
```

（4）从 apr.apache.org 分别下载 "apr – 1.5.2.tar.gz" 和 "apr-util – 1.5.4.tar.gz"，解压到 apache 目录的 ./srclib/，并去除版本号，即形成两个目录 ./srclib/apr 和 ./srclib/apr-util，新建 apache 安装目录，如：在/usr/local/目录下建立 apache 文件夹。
（5）本机安装过程中，提示缺少 pcre，这是 perl 的一个库文件，从 http://www.pcre.org/ 下载，注意：不要下载 pcre2 版本，而要下载 pcre – 8.38.tar.gz，并按照 pcre 的要求进行安装。

```
./configure;
make;
make install
```

（6）回到 http 解压后的文件夹。

```
$ ./configure——prefix =/usr/local/apache——with-included-apr
$ make
$ make install
$ PREFIX/bin/apachectl start
```

安装成功，可以删除掉安装源代码，即：解压后的 httpd 文件夹，避免在后面的操作中迷惑 hppt 文件夹，还是 apache 文件夹。

rm-rm httpd＊＊＊

在浏览器地址栏输入"localhost"或本机 IP 地址进行测试
可能会有类似如下的错误提示：

AH00558：httpd：Could not reliably determine the server's fully qualified domain name, using：：1. Set the 'ServerName' directive globally to suppress this message

在 apache 配置文件中 apache/conf/httpd. conf，找到
#ServerName localhost：80
或者可能是#ServerName www. example. com：80
去掉前面的注释，再一次进行测试，提示应该消失

查看 apache 目录下的 htdocs 目录，浏览器打开的网页存放在这里。可以通过 Dreamweaver 等程序修改这些网页。

启动与停止服务：进入 apache 安装目录中的 bin 文件夹

./apachectl start
./apachectl stop
./apachectl restart

二、MySQL 的安装与配置

MySQL 官方有很多版本，有些版本是免费的，有些是收费的，一般情况下，我们需要的是免费版本的。

（1）MySQL Community Server 社区版本，开源免费，但不提供官方技术支持。这是我们通常用的 MySQL 的版本。

（2）MySQL Enterprise Edition 企业版本，需付费，可以试用 30 天。

（3）MySQL Cluster 集群版，开源免费。可将几个 MySQL Server 封装成一个 Server。

（4）MySQL Cluster CGE 高级集群版，需付费。

（5）MySQL Workbench（GUI TOOL）一款专为 MySQL 设计的 ER/数据库建模工具。它是著名的数据库设计工具 DBDesigner4 的继任者。MySQL Workbench 又分为两个版本，分别是社区版（MySQL Workbench OSS）、商用版（MySQL Workbench SE）。

在明确了 Mysql 的版本之后，还要根据自己的操作系统进一步选择 Mysql 的版本。我们使用的 Linux 是 Redhat 6 32bit，根据这个系统环境，最终确定所需要的下载。

MySQL 的安装说明不是随着软件一起下载的，而是需要在线查看的，因此，在下载

软件的时候，要注意安装方法和步骤。

根据官方安装说明，需要使用 root 账户安装。安装之前，需要安装

```
shell >  yum search libaio    # search for info
shell >  yum install libaio   # install library
```

关闭 SELINUX

```
# vi /etc/selinux/config
#SELINUX = enforcing         #注释掉
#SELINUXTYPE = targeted      #注释掉
SELINUX = disabled           #增加
: wq!                        #保存退出
shutdown-r now               #重启系统
```

安装前检查

```
#gcc-v //出现 gcc 安装配置信息
或者
#rpm-qa | grep gcc      //出现 gcc 安装包信息
#rpm-q make             //出现：make - 3.81 - 3. el5
#rpm-q gcc              //出现：gcc - 4.1.2 - 48. el5
#rpm-q gcc-c + +        //出现：gcc - c + + - 4.1.2 - 48. el5
```

先停服务再卸载，卸载时：如果是用 rpm 方式安装的，则先查找已经安装的包：

```
#rpm-qa | grep mysql
rpm-e 软件包名称 - nodeps
```

安装完成之后，终端会有如下提示：

```
To start mysqld at boot time you have to copy
support-files/mysql. server to the right place for your system
PLEASE REMEMBER TO SET A PASSWORD FOR THE MySQL root USER！设置密码
```

启动 mysql

./bin/mysqld_ safe &，注意，这里和系统默认的启动方法不同，系统自带安装的启动方法是：service mysqld start，需要编辑 mysql 的配置文件 my. cnf，通过 ./mysqld stop 停止服务

开启 mysqld_ safe & 服务之后,可以通过

mysql-uroot-p 回车,输入密码

这时候就可以看到 Mysql 的命令提示符了,也就可以输入 Mysql 的命令了,如:

show databases;
use XXX;
show tables;

三、PHP 的安装与配置

(1) 停止 apache 服务

stop the server to go on with the configuration for PHP:
/usr/local/apache2/bin/apachectl stop

(2) 安装 libxml2,百度 libxml2,找到其官方网址:http://xmlsoft.org/,下载最新 tar.gz 版,由于 PHP 需要多个类似的库,因此,最好在/usr/local 下建立一个文件夹如 phplib。

Tar-xvf ….
./configure
Make
Make install
Make tests

安装其他库文件,这些不是 PHP 安装必需的,但是其他地方可能会用到

./configure——with-apxs2 =/usr/local/apache/bin/apxs——with-pdo-mysql =/usr/local/mysql——with-libxml-dir =/usr/local/php_lib/libxml——with-mysqli =/usr/local/mysql/bin/mysql_config——with-curl =/usr/local/php_lib/curl——with-mcrypt =/usr/local/php_lib/libmcrypt——with-png-dir =/usr/local/php_lib/libpng——with-jpeg-dir =/usr/local/php_lib/jpeg6/jpeg-9b——with-freetype-dir =/usr/local/php_lib/freetype——enable-soap——enable-mbstring = all——enable-sockets
make
make install
make test

注意:在本版本中,PHP 解压后自带的 Install 说明,是——with-mysql,这样编译提示不识别,但通过查看 ./configure-help 发现,应该是——with-pdo-mysql,后面的数值是 mysql 的安装目录(base dir)

创建配制文件 php.ini

cp php.ini-development /usr/local/lib/php.ini

注意记得这个文件的位置,因为以后配制 PHP 需要经常用到,也可以在安装 PHP 的时候,将该文件设置到其他目录,比如说 PHP 安装目录下,这样时间长了也容易找到。

```
You may edit your .ini file to set PHP options. If you prefer
having php.ini in another location, use
——with-config-file-path = /some/path


; extension = msql.so
; extension = php_mysqli.dll
; extension = php_pdo_mysql.dll
```

去掉前面的分号,重启 Apache 之后,mysqli_connect 可以用,php7 中,不使用 mysql_connect,而使用 mysqli_connect 或 pdo 连接方法,php.ini 中,也只有 extension = php_mysqli.dll,而不再有 extension = php_mysql.dll 这个拓展了。在较早版本中,都是 mysql_connect,这个已经不再使用了。因此在网页中测试 php 的时候要注意。

(3) PHP zip 扩展的安装

```
wgethttp://pecl.php.net/get/zip-1.12.4.tgz
tar-xvf zip-1.12.4.tgz
mv zip-1.12.4 zip
cd zip
phpize(这是一个命令,进入到 zip 文件夹,直接输入这个命令就可以了)

./configure——with-php-config = /usr/local/php/scripts/php-config
```

到 php 目录下,找到文件 php-config,编译

```
make
make install 有如下提示:
Installing shared extensions: /usr/local/lib/php/extensions/no-debug-zts-20160303/ 记住这个地址
make test
```

上面提示的目录下有一个文件:zip.so

/usr/local/lib/php/extensions/no-debug-zts-20160303/zip.so

(4) 修改 php.ini

extension_ dir = "./"
修改为
extension_ dir = "/usr/local/lib/php/extensions/no-debug-zts – 20160303/"
增加
extension = zip. so
注意，这句写道 linux 类的 extension（后缀是 . so），类似的还有 windows 的 extension，后缀是 dull

编辑完成后，重启 apache，测试！

四、不能安装的情况

Linux 操作系统会由于硬件的差异导致安装过程中产生很多错误提示，Apache 服务器，MySQL 数据库和 PHP 动态语言都有很多的版本，这些软件之间要相互配合才能顺利完成动态网站的建设，尽管它们是黄金组合，但仍然有很多版本兼容问题，难免在使用过程中会有错误的产生。这种问题一般由两种情况造成：

（1）缺少某一个小程序，根据错误提示，确定缺少什么程序，然后再去下载安装。
（2）版本问题，可以换一个软件的版本试试。

五、利用 Windows Server 搭建数据库服务器

虽然通过 Linux + Apache + MySQL + PHP 搭建的服务器称为是网络服务器的黄金组合，然而 Linux 系统下经常会出现一些不太容易解决的问题，而通过 Windows Server 搭建网络服务器的操作要比在 Linux 环境下容易得多，也稳定得多。通过本节的学习要完成以下目标：①网站服务器，支持 PHP 动态语言和 MySQL 数据库；②FTP 文件传输；③远程登录。这里一 Windows Server 2012 为例进行讲解。

（1）打开服务管理器，点击添加角色和功能（图2-4），这时会弹出一个提示页面，直接下一步。

图2-4 Windows Server 添加角色和功能

(2) 选择需要添加的服务,其中"web 服务器 IIS"可以实现网站服务器和 FTP 文件传输的功能(图2-5),远程访问和远程桌面服务可以实现远程登录的功能,在不确定功能具体细节的情况下,建议点开小三角安装所有子程序。一次安装可能会有错误提示,因此可以分多次安装。选择本次要安装的程序之后,点击下一步,注意选择允许系统自动重新启动。看到系统提示成功安装之后,表示已经安装成功。安装成功之后,可以在浏览器中输入 http://localhost/,或在局域网中输入服务器的 IP,如果可以打开一个测试网页,表示 IIS 已经成功运行。FTP 和远程登录还需要进一步激活才可以正常运行。

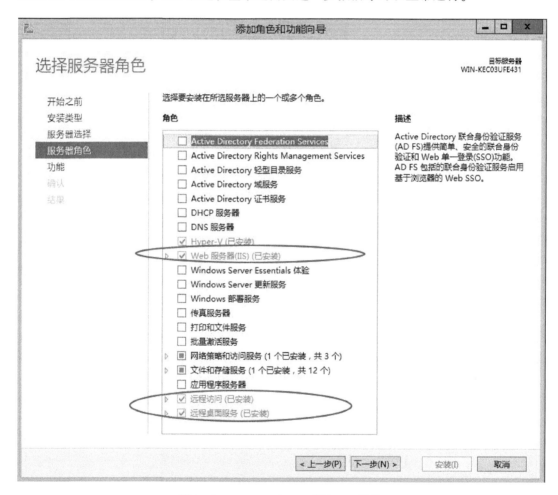

图 2-5 Windows Server 添加 IIS 服务

(3) FTP 激活与网站设置,打开服务器管理器,点击右上角的工具菜单,选择 Internet Information Services (IIS) 管理器(图2-6),在打开的 IIS 管理界面中,在左侧的导航栏中,首先注意打开关闭的小三角,然后点击网站,这时候,在最右边就会看到"添加 FTP 站点"和"添加网站"的链接。打开相关链接,然后根据对话框的提示信息就可以完成 FTP 站点和网站的建设。右键点击左侧网站下的 Default web site 可以查看默认网站的存储位置和进行一些配置(图2-7)。

图 2-6　Windows Server IIS 服务管理设置

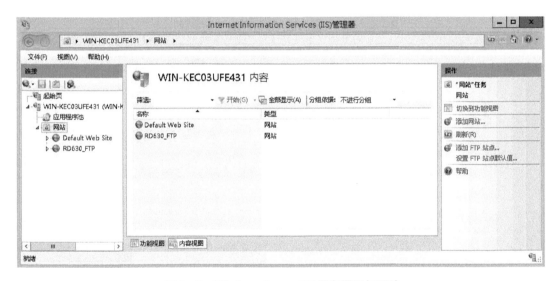

图 2-7　Windows Server IIS 服务器添加网站

（4）远程桌面的配置。远程访问和远程桌面服务安装完成之后，进入 Windows Server 的"控制面板"在系统和安全中，选择"允许远程访问"—"允许远程链接到此计算机"—"选择用户"—手动添加远程链接的用户（如：Administrator）即可。之后在另外一台电脑上开始菜单下的 mstsc（图 2-8），在打开远程桌面链接工具中，输入 Windows Server 的 IP 地址，然后输入用户名和密码即可看到 Windows Server 的桌面。

图 2-8 Windows Server 远程登录

参考文献

[1] 魏大木,陶宏才.序列比对算法简单研究 [J].微计算机信息,2011 (4):201-203.

[2] 李美满,许中华,刘柯.生物信息学中数据库的应用及整合 [J].智能计算机与应用,2012 (5):55-57.

[3] 王蕊,胡德华.生物信息学数据库研究文献引文与热点分析 [J].生物信息学,2014 (4):305-312.

[4] 张桂荣.生物信息数据库资源及其应用 [J].河北科技师范学院学报(社会科学版),2010 (1):121-124.

[5] 刘阳,王小磊,李江域,等.局部序列比对算法及其并行加速研究进展 [J].军事医学,2012 (7):556-560.

[6] George D G, Mewes H W, Kihara H. A standardized format for sequence data exchange [J]. Protein Seq Data Anal, 1987, 1 (1): 27-39.

[7] Dooley D M, Petkau A J, Van Domselaar G, et al. Sequence database versioning for command line and Galaxy bioinformatics servers [J]. Bioinformatics, 2016, 32 (8): 1 275-1 277.

[8] Gibney G, Baxevanis A D. Searching NCBI databases using Entrez [EB/OL]. Curr Protoc Bioinformatics, 2011, Chapter 1 Unit 1 3.

[9] Wade K. Searching Entrez PubMed and uncover on the internet [J]. Aviat Space Environ Med, 2000, 71 (5): 559.

[10] Rodriguez-Tome P. Resources at EBI [J]. Methods Mol Biol, 2000, 132: 313-335.

[11] Lenffer J, Nicholas F W, Castle K, et al. OMIA (Online Mendelian Inheritance in Animals): an enhanced platform and integration into the Entrez search interface at NCBI [J]. Nucleic Acids Res, 2006, 34: 599-601.

[12] Goujon M, Mcwilliam H, Li W, et al. A new bioinformatics analysis tools framework at EMBL-EBI [J]. Nucleic Acids Res, 2010, 38: 695-699.

[13] Pruitt K D, Tatusova T, Maglott D R. NCBI Reference Sequence project: update and current status

[J]. Nucleic Acids Res, 2003, 31 (1): 34-37.

[14] Mcentyre J. Linking up with Entrez [J]. Trends Genet, 1998, 14 (1): 39-40.

[15] Kotera M, Hirakawa M, Tokimatsu T, et al. The KEGG databases and tools facilitating omics analysis: latest developments involving human diseases and pharmaceuticals [J]. Methods Mol Biol, 2012, 802: 19-39.

[16] Kanehisa M. KEGG Bioinformatics Resource for Plant Genomics and Metabolomics [J]. Methods Mol Biol, 2016, 1374: 55-70.

[17] Rodriguez-Tome P, Stoehr P J, Cameron G N, et al. The European Bioinformatics Institute (EBI) databases [J]. Nucleic Acids Res, 1996, 24 (1): 6-12.

[18] Emmert D B, Stoehr P J, Stoesser G, et al. The European Bioinformatics Institute (EBI) databases [J]. Nucleic Acids Res, 1994, 22 (17): 3 445-3 449.

[19] Schuler G D, Epstein J A, Ohkawa H, et al. Entrez: molecular biology database and retrieval system [J]. Methods Enzymol, 1996, 266: 141-162.

[20] Geer R C, Sayers E W. Entrez: making use of its power [J]. Brief Bioinform, 2003, 4 (2): 179-184.

[21] Rodriguez-Tome P. EBI databases and services [J]. Mol Biotechnol, 2001, 18 (3): 199-212.

[22] Kodama Y, Mashima J, Kaminuma E, et al. The DNA Data Bank of Japan launches a new resource, the DDBJ Omics Archive of functional genomics experiments [J]. Nucleic Acids Res, 2012, 40 (Database issue): 38-42.

[23] Murray P J, Oyri K. Developing Online Communities with LAMP (Linux, Apache, MySQL, PHP) the IMIA OSNI and CHIRAD Experiences [J]. Stud Health Technol Inform, 2005, 116: 361-366.

[24] Kosuge T, Mashima J, Kodama Y, et al. DDBJ progress report: a new submission system for leading to a correct annotation [J]. Nucleic Acids Res, 2014, 42: 44-49.

[25] Deorowicz S, Grabowski S. Compression of DNA sequence reads in FASTQ format [J]. Bioinformatics, 2011, 27 (6): 860-862.

第三章 基于蛋白质结构的计算机辅助药物设计

蛋白质作为一类重要的生物大分子，主要由碳、氢、氧、氮等元素组成。所有蛋白质都是由氨基酸排列组成，这些氨基酸在蛋白质中又被称为残基。蛋白质必须折叠成特定的结构才能发挥其生物学功能，蛋白质折叠主要是通过氢键、离子键、范德华力、二硫键和疏水作用实现。蛋白质丧失了三级结构，也就丧失了生物学功能，这个过程称为"变性"，蛋白质变性并不涉及一级结构的改变，变性的蛋白质在一定的条件下，还可以恢复它的三级结构和生物学功能，这个过程称为"复性"，从蛋白质的变性和复性可以了解到，蛋白质的三级结构是由它的一级结构所决定的。为了从分子水平上了解蛋白质的作用机制，常常需要了解蛋白质的三级结构。

蛋白质的分子结构可划分为四个等级，蛋白质的一级结构（Primary structure）是蛋白质多肽链中氨基酸残基的排列顺序。一级结构决定了其他高级结构，由于组成蛋白质的氨基酸具有不同的侧链，当它们按照不同的序列组合时，就可形成多种空间结构的蛋白质分子。蛋白质分子的多肽链并非线形伸展，而是通过折叠构成比较稳定的空间结构。蛋白质的生物学活性和理化性质主要取决于其空间结构的完整，因此仅仅掌握蛋白质分子的氨基酸排列顺序并不能完全了解它们的性质。蛋白质的二级结构（Secondary structure）是指多肽链中主链原子的局部空间构象。蛋白质在二级结构的基础上进一步折叠就可以形成三维结构。多肽链经过折叠后，可形成生物学功能的特定区域，如酶活性中心等。具有两条以上独立三级结构的多肽链组成的蛋白质，其多肽链间通过次级键相互组合而形成的空间结构称为蛋白质的四级结构（Quaternary structure）。其中，每个具有独立三级结构的多肽链单位称为亚基。

蛋白质的三维结构预测已经很普遍了，但是有些蛋白质是需要和一些有机小分子结合在一起才能更好地发挥其生物学功能。这些蛋白质和有机小分子结合在一起的复合体的结构是不能通过结构预测得到的，这样便需要分子对接将这两个分子组合在一起。在得到复合体的结构后，也可以进一步了解蛋白质和有机小分子相互作用的细节问题，如它们之间形成的氢键以及它们之间的结合能等，这些信息在药物设计中是很有作用的。

第一节 蛋白质二级结构

蛋白质二级结构指多肽链中规则的重复构象，常见的二级结构有 α 螺旋、β 片层和 β 转角。二级结构是通过蛋白质骨架上的羰基和酰胺基团之间形成的氢键维持的，氢键是稳定二级结构的主要作用力。

一、α 螺旋

（1）多个肽键平面通过 α 碳原子旋转，相互之间盘曲成稳固的右手螺旋。
（2）每 3.6 个氨基酸残基上升一周，相当于 0.54nm。
（3）相邻两圈螺旋之间形成许多链内氢键，每一个氨基酸残基中的 NH 和前面相隔三个残基的 C=O 之间形成氢键，这是稳定 α 螺旋的主要键。
（4）肽链中氨基酸侧链分布在螺旋外侧并影响 α 螺旋的形成。

二、β 片层

（1）是肽链伸展的结构，肽链平面之间折叠成锯齿状，相邻肽键平面间呈 110°角。氨基酸残基的 R 侧链伸出在锯齿的上方或下方。
（2）依靠两条肽链或一条肽链内的两段肽链间的 C=O 与 H 形成氢键，使构象稳定。
（3）两段肽链可以是平行的，也可以是反平行的。
（4）平行的 β 片层结构中，两个残基的间距为 0.65nm；反平行的 β 片层结构，则间距为 0.7nm。

三、β 转角

蛋白质分子中，肽链经常会出现 180°的回折，这种回折角的构象就是 β 转角（β-turn 或 β-bend）。β 转角中，第一个氨基酸残基的 C=O 与第四个残基的 N 楗形成氢键，从而使结构稳定。

无规卷曲
没有确定规律性的肽链构象，肽链中肽键平面不规则排列，属于松散的无规卷曲。
超二级结构
超二级结构是指相邻的二级结构在空间折叠中彼此相互作用，形成规则的二级结构聚集体。如：α 螺旋组合（αα）；β 折叠组合（βββ）和 α 螺旋 β 折叠组合（βαβ），其中以 βαβ 组合最为常见。超二级结构是二级结构与三级结构之间的一个过渡层次。

四、蛋白质二级结构预测

蛋白质二级结构预测方法多种多样，有的基于统计学原理，有的基于信息学原理，因此造成不同方法之间的差异。总的来说，二级结构预测仍是未能完全解决的问题。目前较为常用的二级结构预测方法有 PHD、Nnpredict、CNRS、SOPMA、MacStripe、GOR、PREDATOR、PSA 等。

PHD 结合了许多神经网络的成果，每个结果都是根据局部序列上下文关系和整体蛋白质性质预测氨基酸的二级结构，最终的结果是所有神经网络输出的算术平均值。Nnpredict 算法使用了一个双层、前馈神经网络给每个氨基酸分配预测的类型。CNRS 不是用一种，而是 5 种相互独立的方法进行预测，并将结果汇集整理成一个"一致预测结果"。这 5 种方法包括：Garnier-Gibrat-Robson（GOR）方法、Levin 同源预测方法、双重预测方法、

PHD 方法和 CNRS 自己的 SOPMA 方法。MacStripe 是基于 Macintoshi 系统的应用程序，使用了 Lupas 的 COILS 预测方法，能输出较简单的预测结果。

（1）通过 PORTER 预测蛋白质的二级结构。PORTER（http：//distill. ucd. ie/porter/）是依据蛋白质三级结构数据库（PDB）预测蛋白质二级结构的一个工具，序列提交界面如图 3-1，按照界面提示，依次输入接收结果的电子邮件，预测序列的名字（可选项）和要预测的蛋白质序列本身。点击 predict 按钮之后，如果提交成功，会显示图 3-2 所提示页面。

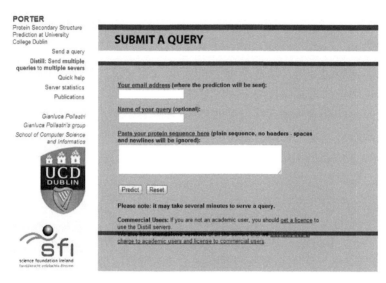

图 3-1 PORTER 界面

图 3-2 PORTER 提交成功提示

PORTER 将预测的结果以纯文本的形式发送到提交的邮件中，结果包含了提交序列的名称和序列的长度，接下来是所提交蛋白质的每一个氨基酸对应的二级结构状态，其中，C 表示 Random coil、H 表示 Alpha helix、E 表示 Extended strand 等。PORTER 的结果中，还显示了在预测过程中所使用的提交序列与所使用模板的序列相似性，以及预测过程所消耗的时间。

Subject：Porter response to Snowdrop lectin
Query_ name：Snowdrop lectin
Query_ length：161
Prediction：
AKTILLILATIFLGVITPSCLSNNILYSGETLSAGEFLNQGNYVFIMQEDCNLVLYDVDK
CCHHHHHHHHHHHHHHCCCCCCCEEECCEECCCCEEEECCEEEECCCCCEEEEECCE
PLWETNTGGLSRRCYLNMQTDGNLVVYNPSNKPIWASNTGGQNGNYVCILQKDGNIAIYG
EEEECCCCCCCCCEEEECCCCCEEEECCCCCEEEECCCCCCCCEEEEECCCCCEEEEC
PAIWATGTNIHGAGIVGVLGSAPQNSTAEMIKLVRKYLITK
CEEEECCCCCCCCCCCCCCCEEECCCCCCCCCCCEEECC
Predictions based on PDB templates（seq. similarity up to 55.9%）
Query served in 62 seconds

（2）通过 SOPMA 预测蛋白质二级结构（图 3-3）。SOPMA 的序列提交页面与 POR-

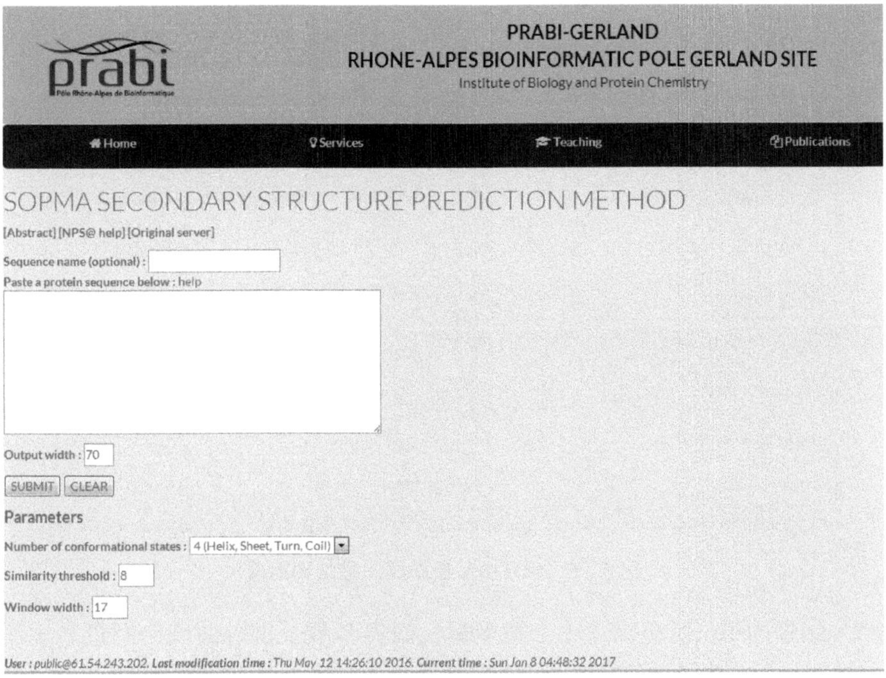

图 3-3　SOPMA 预测蛋白质二级结构序列提交页

TER 类似，都需要提交待预测蛋白质的氨基酸序列，SOPMA 方法中，还可以进一步选择输出的宽度、阈值等，这对论文写作过程中的排版很有帮助。

SOPMA的预测结果直接通过网页显示，可以分成三个部分，首先是每个氨基酸所处的二级结构状态，这和PORTER相似，而且进一步将不同的二级结构状态以不同的颜色显示，使结果更加清晰（图3-4）。

```
         10        20        30        40        50        60        70
         |         |         |         |         |         |         |
AKTILLILATIFLGVITPSCLSNNILYSGETLSAGEFLNQGNYVFIMQEDCNLVLYDVDKPLWETNTGGL
ccceeeeeeeeeeeeeccccccccccceecccccchhhcccccceeeeeccccceeeecccccccccc
SRRCYLNMQTDGNLVVYNPSNKPIWASNTGGQNGNYVCILQKDGNIAIYGPAIWATGTNIHGAGIVGVLG
cceeeeecccccceeeccccccceeeccccccceeeeccccceeeeccccccccccccccceeeec
SAPQNSTAEMIKLVRKYLITK
ccccccchhhhhhhhheeeec
```

图3-4 SOPMA蛋白质二级结构预测结果

SOPMA结果的第二部分是蛋白质中不同二级结构状态的含量百分比，可以看出在提交的蛋白质由四种状态的二级结构组成，其中，无规卷曲的氨基酸占整个蛋白的33.54%，延伸链占32.92%，β转角占16.77（图3-5），α螺旋占16.77%。在这一部分，不同状态的二级结构除了用一个字母表示外，还使用了不同的颜色进行表示。

Alpha helix	（Hh）：	27 is	16.77%
310 helix	（Gg）：	0 is	0.00%
Pi helix	（Ii）：	0 is	0.00%
Beta bridge	（Bb）：	0 is	0.00%
Extended strand	（Ee）：	53 is	32.92%
Beta turn	（Tt）：	27 is	16.77%
Bend region	（Ss）：	0 is	0.00%
Random coil	（Cc）：	54 is	33.54%
Ambiguous states	（?）：	0 is	0.00%
Other states	：	0 is	0.00%

图3-5 SOPMA蛋白质二级结构组成

SOPMA结果的第三部分结果中，横坐标代表氨基酸长度。曲线的颜色表示不同的二级结构，图3-6中曲线的峰高表示该位置的氨基酸对应二级结构的概率，峰越高表示概率越大，程序将氨基酸对应的最大概率的二级结构状态确定为该氨基酸的二级结构。

比较PORTER和SOPMA的预测结果可以发现，这两种方法的结果是有差异的，这是由预测的算法不同所造成的。

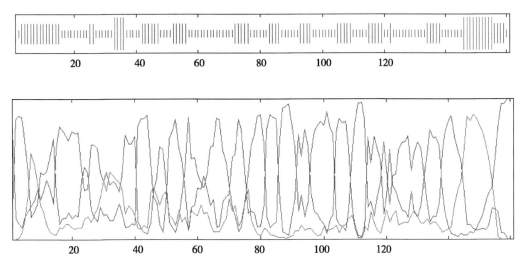

图 3-6 SOPMA 蛋白质二级结构概率图

第二节 蛋白质结构数据库及其检索

蛋白质结构数据库实际上就是一个网站,在蛋白质结构数据库里,存放的是通过 NMR 核磁共振和 X 射线衍射等实验方法测得的蛋白质结构数据。全世界的实验室在确定一个蛋白质结构之后,一般都会提交到蛋白质结构数据库,有其他人需要的时候,可以来这里进行查询。

X 射线衍射晶体学是最早用于蛋白质结构解析的实验方法之一。X 射线是一种高能短波长的电磁波,被德国科学家伦琴发现,故又被称为伦琴射线。X 射线打击到分子晶体颗粒的时候,X 射线会发生衍射效应,通过收集这些衍射信号就可以了解晶体中电子密度的分布情况,再据此解析获得粒子的空间位置信息。X 射线源是 X 射线衍射晶体学的重要研究内容,来自同步辐射的 X 射线源可以调节射线的波长和亮度,结合多波长反常散射技术,能够获得更高精度的晶体结构数据,也成了当今主要的 X 射线晶体成像学方法。X 射线衍射晶体成像虽然得到了很大的发展,仍然有着一定的缺点:X 射线对晶体样本有着很大的损伤,为解决这个问题,常用低温液氮环境来保护生物大分子晶体,但这种情况下的晶体结构与细胞中的蛋白质的晶体结构可能会有差异。此外,X 射线衍射方法不能用来解析较大的蛋白质晶体结构。

核磁共振 NMR(Nuclear Magnetic Resonance)的基本理论是:带有孤对电子的原子核在外界磁场影响下,会导致原子核的能级发生塞曼分裂,吸收并释放电磁辐射,即产生共振频谱。这种共振电磁辐射的频率与所处磁场强度成一定比例。利用这种特性,通过分析特定原子释放的电磁辐射结合外加磁场分别,可用于生物大分子的成像。NMR 结构解析多是在溶液状态下的蛋白质结构,这比起晶体结构更能够描述生物大分子在细胞内真实结构。而且，NMR 结构解析能够获得氢原子的结构位置。然而，NMR 也有自己的缺陷，NMR 可能会因为蛋白质在溶液中结构不稳定而难以获取稳定的信号，为解决这个问题，NMR 往往借助计算机建模或者其他方法完善结构解析流程。

蛋白质结构数据库（Protein Data Bank，简称 PDB）于 1971 年由美国 Brookhaven 实验室创建。1998 年由美国国家科学基金委员会、能源部和卫生研究院资助，成立了结构生物学合作研究协会（Research Collaboratory for Structural Bioinformatics，简称 RCSB），之后 PDB 数据库改由 RCSB 管理。PDB 数据库是目前最主要的收集生物大分子（包括蛋白质、核酸和糖）结构的数据库（图 3-7）。

图 3-7　PDB 数据库首页

一、PDB 数据库检索

可以在 PDB 首页的顶部的输入框中输入查询关键词，点击 GO 按钮之后，就会显示查询结果。PDB 数据库允许用户使用布尔逻辑组合（AND、OR 和 NOT）进行检索，可检索的字段包括功能类别、PDB ID、标题、作者、来源、参考文献、物种等。如：我们可以在 PDB 数据库首页输入"lectin AND snowdrop AND Hester, G"，其中，lectin（凝集素）表示蛋白质的类别，snowdrop（凝集素）为物种来源，"Hester, G"为作者名字，点击 GO 按钮之后，数据库会返回查询结果（图 3-8）。

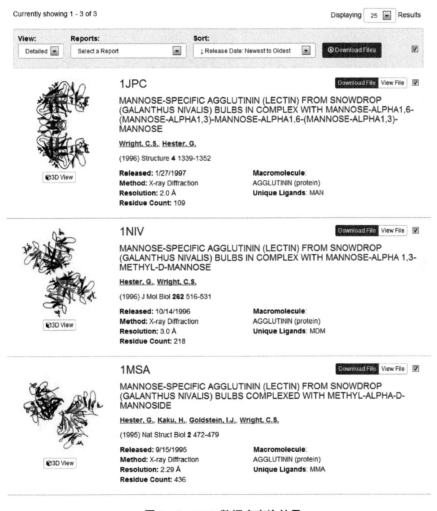

图 3-8 PDB 数据库查询结果

从查询结果页的顶部可以看到，上述关键词一共搜索到 3 个结果，这三个蛋白质结构在 PDB 数据库中的 ID 依次为：1JPC、1NIV 和 1MSA。数据库 ID 指的是蛋白质结构在数据库中的唯一标识，通过关键词查询的时候，一个关键词可以得到多个结果，而如果用

ID 来进行查询的话，就只能得到一个结果。我们在论文中需要引用某一个蛋白质结构的时候，就要用它的 ID。结果页面中，还可以看到以下内容：Title 蛋白质结构的名字，Released 发布时间，Method 方法，Resolution 分辨率（指的是蛋白质结构的质量）等。点击这个 3d view 按钮可以看到一个的蛋白质结构的三维图（可以旋转和缩放）（图 3-9），最后点击 download file 按钮，下载文件。

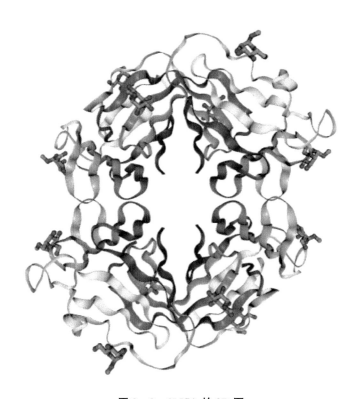

图 3-9　1MSA 的 3D 图

二、蛋白质结构数据的存储格式

可以通过空间坐标系中的 XYZ 三个数字确定一个点在空间中的位置。蛋白质分子是由很多的原子组成的，可以把每一个原子看成一个点，如果能够把每个原子的空间位置描述清楚，蛋白质的结构也就描述出来了。

每个 PDB 文件可能分割成一系列行，由行终止符终止。在记录文件中每行由 80 列组成。每条 PDB 记录末尾标志应该是行终止符。每行的前六列存放记录名称，左对齐空格补足。每个记录类型包括一行或多行。

表 3-1 中第一列 ATOM 的意思是原子；第二列代表原子序号；第三列表示氨基酸中的原子；第四列表示氨基酸的名称；第五列表示氨基酸所在肽链是 A 链；第六列表示氨基酸所在肽链中的序号；第七、八、九列表示氨基酸在肽链空间结构中的三维坐标；第十

列表示谷氨酰胺的极性;第十一列表示氨基酸在肽链特定环境下所带的电荷量;第十二列也是表示氨基酸中的原子类型。

表3-1 PDB文件中的蛋白质原子坐标

ATOM	原子序号	原子名	氨基酸	链	氨基酸序号	坐标及带电数据					原子名
ATOM	1	N	ASP	A	1	54.739	48.931	4.058	1	32.68	N
ATOM	2	CA	ASP	A	1	55.159	47.778	3.232	1	32.84	C
ATOM	3	C	ASP	A	1	55.258	46.552	4.145	1	27.01	C
ATOM	4	O	ASP	A	1	55.421	46.694	5.355	1	25.4	O
ATOM	5	CB	ASP	A	1	56.506	48.067	2.559	1	41.46	C
ATOM	6	CG	ASP	A	1	56.807	47.105	1.411	1	53.61	C
ATOM	7	OD1	ASP	A	1	55.86	46.474	0.888	1	59.72	O
ATOM	8	OD2	ASP	A	1	57.983	46.961	1.026	1	57.74	O
ATOM	9	N	ASN	A	2	55.125	45.358	3.57	1	21.74	N
ATOM	10	CA	ASN	A	2	55.172	44.105	4.33	1	19.4	C
ATOM	11	C	ASN	A	2	56.439	43.283	4.087	1	18.97	C
ATOM	12	O	ASN	A	2	56.566	42.158	4.58	1	19.09	O
ATOM	13	CB	ASN	A	2	53.929	43.251	4.03	1	18.58	C
ATOM	14	CG	ASN	A	2	53.878	42.733	2.582	1	22.35	C
ATOM	15	OD1	ASN	A	2	53.313	41.674	2.335	1	33.31	O
ATOM	16	ND2	ASN	A	2	54.426	43.482	1.627	1	22.25	N
ATOM	17	N	ILE	A	3	57.387	43.859	3.353	1	20.9	N
ATOM	18	CA	ILE	A	3	58.632	43.182	3.03	1	18.7	C
ATOM	19	C	ILE	A	3	59.84	44.062	3.337	1	24.3	C
ATOM	20	O	ILE	A	3	59.824	45.268	3.085	1	23.41	O

完整的 PDB 文件除了包含蛋白质每一个原子的坐标之外，还包括蛋白质结构相应的注释信息，每行的前六列都有一个相应的注释标识符。

HEADER	ID 号等
TITLE	标题
COMPND	化合物分子组成
SOURCE	结构来源
HEADER	ID 号等
KEYWDS	关键词
EXPDTA	测定结构所用的实验方法 X-RAY 或 NMR
AUTHOR	结构测定人
REVDAT	修订日期及相关内容
JRNL	相关文献
SEQRES	氨基酸序列
SSBOND	二硫键
LINK	残基间化学键
HYDBND	氢键
SLTBRG	盐桥
ATOM	原子坐标
TER	链末端
MASTER	版权拥有者
END	结束标记

三、蛋白质结构可视化

PDB 格式的蛋白质结构非常适合分子模拟和计算机辅助药物设计工具的计算，然而并不适合科研人员的整体观察，因此，为了能够更清晰地表达结构信息以使观察者更好地了解和分析蛋白质功能，我们采用很多不同功能和风格的软件将蛋白质分子结构可视化（图 3-10、图 3-11）。蛋白质结构的可视化能为观察者提供全新的观察模式和视觉效果，并且能提供或者突出更多的细节信息。蛋白质结构可视化的工具很多，每一种都具有不同的功能和显示特色（表 3-2）。

图 3-10 中，将雪花莲凝集素与甘露糖的结合位点选择形式，同时，图形中也显示了氢键及其长度信息。

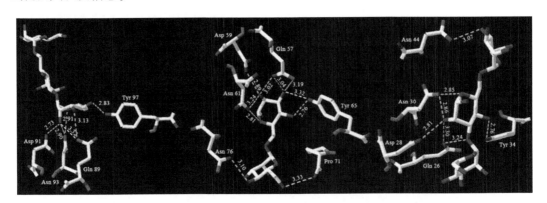

图 3-10　雪花莲凝集素（1MSA）在 Swiss PDBViewer 中的显示形式

表 3-2　常见的蛋白质结构可视化工具

软件名称	简介
RASMOL	观看蛋白质分子 3D 结构的软件，使用很方便
Swiss PDBViewer	可以选择蛋白质的部分氨基酸查看
VMD	用来显示分子的立体结构，可以利用分子模拟的结果做出动画效果
WPDB	基于 Windows 操作系统的 PDB 文件与处理分析软件
POV-Ray	高质量、免费创造三维图像的工具
Swiss-PdbViewer	界面友好的 PDB 分析工具
Re_ View	分析 XYZ 格式三维分子文件的软件
Tinker	分子设计建模软件
Biodesigner	免费的分子建模与显示软件，支持多种三维分子格式
Protein Explorer	显示生物大分子结构的免费浏览器插件，是 RASMOL 衍生出的软件
Chimera	免费的交互式分子模型显示程序
Jmol	开放源代码的免费三维分子显示程序
ProteinScope LE	PDB 蛋白三维显示软件
CHIME	浏览器插件，安装后，可以直接用浏览器观看 PDB 格式的文件
BALLView	分子三维建模、显示软件
bioeditor	三维分子结构编辑软件和三维分子结构显示软件
PDB Editor	PDB 文件编辑器
Zodiac	用于药物设计的分子建模软件包
Avogadro	三维分子编辑器
Bioclipse	分子显示平台
LigandScout	构建药效团模型结构数据工具软件
Benchware 3D Explorer	三维分子显示分析软件
PyRx	三维分子药物辅助设计软件
VisProt3DS	观察蛋白质和 DNA 分子 PDB 结构软件
OpenAstexViewer	三维显示 Java 插件

Rasmol (http://www.openrasmol.org/) 是可以在 Window 系统下观看生物分子 3D 结构的软件，可以旋转，可以以多种模式观看，并可以存成普通图形文件。安装和使用都很简单。Rasmol 的使用非常简单，打开 Rasmol 之后，只要将 PDB 格式的文件用鼠标拖到软件内即可显示（或者通过 file-open 打开），然后再 Rasmol 的 display 和 color 中选择显示方式和颜色就可以得到想要的图形（图 3 - 11）。

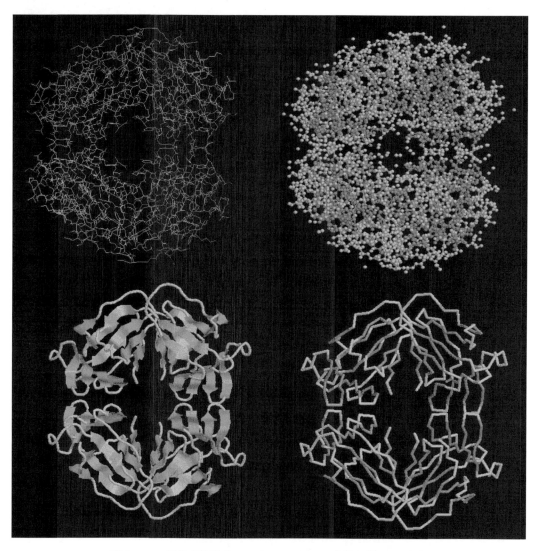

图 3 - 11 雪花莲凝集素（1MSA）Rasmol 中的不同显示形式

Swiss PDBViewer (http://spdbv.vital-it.ch/) 是一个界面非常友好的应用程序，可同时分析几个蛋白 PDB 文件。也可以将几个蛋白叠加起来，用来分析结构类似性，比较活性位点或其他有关位点。通过菜单操作与直观的图形，可以很容易获得氢键、角度、原子距离、氨基酸突变等数据。

第三节 蛋白质结构的预测

不同的蛋白质拥有不同的氨基酸序列，所有蛋白质都必须在其氨基酸序列的基础上折叠形成特定的三维结构才能够进一步发挥其生物学功能，了解蛋白质的三维结构是研究其生物功能及活性机理的基础。目前获得蛋白质氨基酸序列要比获得其结构数据简单得多，在理论探索和应用需求的双重推动下，从氨基酸序列出发预测蛋白质的三维结构是目前计算生物学和生物物理学领域最具挑战性和影响力的研究方向之一。

由于相似的蛋白质序列往往拥有相似的三维结构，一般认为蛋白质的三级结构是由它的一级结构所决定的。实际上，在进化过程中，蛋白质的三级结构要比一级结构保守得多，也就是说如果两个蛋白质它们的氨基酸序列是类似的，那么它们的三级结构也应该是类似的，甚至两个蛋白质的氨基酸序列不太相似，它们的三级结构也可能是类似的。基于这个原理，可以通过在 PDB 数据库中搜索已知结构作为模板，进而预测未知蛋白的结构，这种方法称为同源建模，是迄今为止精度最高的一类结构预测方法。同源建模称为基于模板的结构预测方法。

蛋白质结构预测的另外一种方法称为从头预测，这种方法不依赖于任何已知结构，通过构建蛋白质折叠力场，再通过构象搜索方法搜寻目标蛋白的天然结构。从头预测方法是"第二遗传密码"的探索过程，具有重要的理论意义，然而该类方法目前还面临着诸多困难和挑战，纯粹的从头预测方法几乎都会在不同程度上使用已知的蛋白质结构信息。

一、国际蛋白质结构预测技术评估大赛（CASP）

CASP 是由美国马里兰大学的 John Moult 于 1994 年倡导举办，每两年一届，CASP 提供了一个能客观评估蛋白质结构预测方法的平台，借此将世界范围内的预测方法进行对比，从而更好地认识不同预测方法优势以及不足。而对于组织者乃至科学界来说，通过竞赛可遴选出当前最有效的预测方法，同时了解整个蛋白质结构预测领域的发展情况，包括所取得的成绩、存在的困难以及未来的发展方向等。

CASP 组织者会选一些结构暂未经实验测定、或结构已被测定但尚未对外公布的蛋白质作为目标蛋白。目标蛋白将被划分成基于模板和无模板两类。这样做的目的主要是便于后续对相应的两类预测方法进行更合理的评估。与此同时，所有参赛方法也被归为人工组和自动组两类，人工组意味着综合了计算机预测和人工干预，自动组则纯粹依赖计算机预测。自动组提交的预测结构在期满后被上传到预测中心的网站上（http://predictioncenter.org），这些结构接着可被人工组的参赛方法进一步筛选利用。收集到某个目标蛋白质所有的预测结构后，组织者便可依据实验测定的结构对其进行综合评估。除了自动的评估结果，同时还会有评估专家对预测结构进行分析，而评估过程中他们并不知道每个预测结构来自哪一预测方法或哪个研究组。

二、利用 SWISS-MODEL 预测蛋白质的三级结构

同源建模过程首先要从蛋白质结构数据库中寻找一个或一组与待测蛋白质同源的、并由实验测定的蛋白质结构，建立未知蛋白质与已知结构蛋白质的比对，找出结构保守性的主链结构片段，并对结构变化的区域进行建模，之后再利用能量计算的方法进行优化。SWISS-MODE 是一个基于同源建模的蛋白质结构预测服务器，使用 SWISS-MODEL 进行蛋白质三维结构建模时，程序先将提交的序列在数据库中搜索相似性足够高的同源序列，建立最初的原子模型，之后对这个模型进行优化从而产生预测的结构模型。

通过 SWISS-MODEL（https：//www. swissmodel. expasy. org/）预测进行同源建模时，打开 SWISS-MODEL 序列提交页（图 3 – 12），将序列粘贴到输入框中，注意按照 SWISS-MODEL 的要求（输入框左侧），输入的序列要求是 fasta 格式，然后填写项目名称和邮件，点击 Build Model。SWISS-MODEL 运行结束之后，系统会通过网页返回预测的结果（图 3 – 13）。

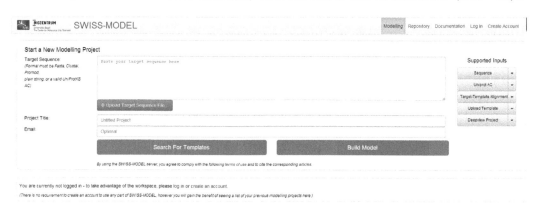

图 3 – 12　SWISS-MODEL 序列提交页

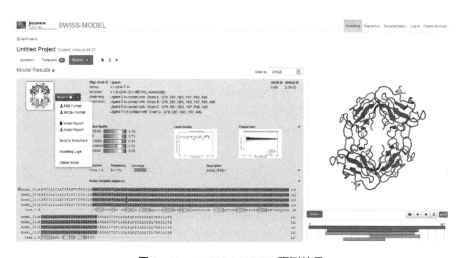

图 3 – 13　SWISS-MODEL 预测结果

在 SWISS-MODEL 的结果页，可以查看到同源建模使用的模板，如：本例中的模板是

1msa.1A，模板与待预测序列的相似性为 81.11%，此外，还可以通过左上侧的按钮，下载 PDB 格式的结构文件，以及模板报告文件等。

第四节 分子对接工具 Autodock

分子对接是通过受体特征以及受体和药物分子之间的相互作用进行药物设计的方法。是一种通过研究分子间的相互作用预测其结合模式和亲合力的理论模拟方法。分子对接首先产生一个填充受体分子表面的口袋或凹槽的球集，然后生成一系列假定的结合位点，计算每一个位点的结合信息并打分，评判配体与受体的结合程度。近年来，分子对接方法已成为计算机辅助药物设计领域的一项重要技术。通过分子对接，可以预测配体和受体之间的结合模式和亲和力，从而进行药物的虚拟筛选（图 3-14）。

分子对接的种类主要有以下几种。

（1）刚体对接：对接过程中，受体和配体的构象都不发生变化。计算量小，适合考察比较大的分子体系。

（2）半柔性对接：对接过程中，小分子的构象一般是可以变化的，但大分子是刚性的。计算量适中，精度也可以接受。

（3）柔性对接：指在对接过程中，研究分子体系的构象可以自由变化的。一般用于精确考虑分子间的识别情况。计算耗费很大。

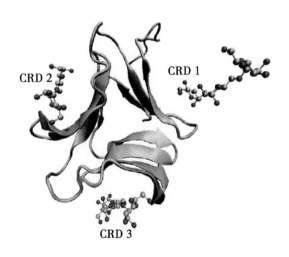

图 3-14 雪花莲凝集素与甘露糖的对接

Autodock（http://autodock.scripps.edu/）主要应用于配体—蛋白相互作用的软件，由 AutoGrid 和 AutoDock 两个程序组成，其中 AutoGrid 主要负责格点中相关能量的计算，而 AutoDock 则负责构象搜索及评价。AutoDock 以及 AutoGrid 程序都是在命令行操作软件，没有用户图形化界面，但是配套 AutoDockTools（ADT）程序为部分操作提供了图形界面。

Autodock 是一个应用广泛的分子对接程序,使用半柔性对接方法,允许小分子的构象发生变化,以结合自由能作为评价对接结果的依据(图 3 – 15)。

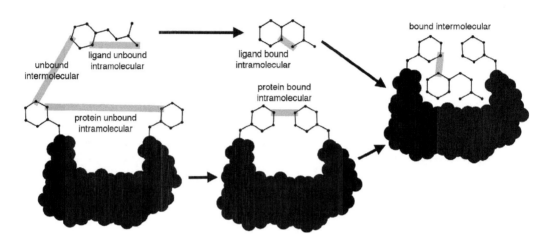

图 3 – 15　Autodock 对接示意图(引自 Autodock 手册)

一、Autodock 程序的安装

(1) Autodock 的解压

　　cd /home/autodock　　将路径设置到 Autodock 所在的目录下
　　gunzip-v dist_ 3.0. tar. gz
　　tar xvof dist_ 3.0. tar

(2) 路径设置,在 Linux 下系统有默认的程序查找目录,新安装的程序或者直接安装到那些默认的目录下,或者将新的目录添加到系统查询的目录中。

　　ls-a 显示隐藏文件

在其中的 . bash_ profile 文件中添加下面的路径和参数。

　　export PATH = /home/bio/Autodock/bin/Linux/Autodock/share 这个路径需要根据自己的具体情况来确定
　　export AUTODOCK_ UTI = /home/bio/Autodock/share

修改之后使用 source. bash_ profile 来刷新这个刚修改的文件,使路径生效,可以用 echo $ PATH 来查看路径的设置是不是已经生效了,不行的话重新启动一次就可以了。Source 命令的功能类似于刷新。

　　FC4 在 . bashrc 里添加两句,再运行就不会出现"段错误"了。

ulimit-s unlimited
ulimit-d unlimited

二、小分子的来源和处理

（1）一个比较简单的来源是从 pdb 数据库中下载包含有相关小分子的复合体结构，然后将其中的小分子复制出来保存成一个 pdb 格式的文件，这样得到的小分子可以用于分子对接，虽然不是很标准。因为这样得到的小分子是没有氢原子的，在 Autodock tool（ADT）中也不能加上氢原子。

（2）通过一些大型的软件计算得到。AMBER 就可以，如果是糖分子的话，AMBER 直接有计算好的小分子，可以很简单的得到。文献中经常提到的用于这方面计算的软件是 SYBYL 和 Insight Ⅱ，不过这两个巨型的软件需要较高的硬件支持。

（3）一些小分子数据库中可能会有这样的小分子。

小分子处理的主要的目的是要添加电子的一些数据和设置柔性。在分子对接的过程中，大分子的构象是保持不变的，也就是说，大分子的输入和输出是相同的。Autodcok 并不对大分子进行任何的计算。

在对接的过程中，小分子是可以有柔性的，也就是说小分子的个别的键是可以旋转的。Autodock 的主要的功能就是计算出一个和大分子结合比较好的小分子的构象，在 Atuodock 的结果中各个小分子的构象不同，和大分子结合的能量也就不同，这样就需要用户根据自己的一些需要来决定具体需要哪个小分子的构象。柔性键需要在对接前通过 Autodock tool（ADT）来设置（图 3-16、图 3-17）。操作步骤如下。

（1）打开 Autodock tool 在下面的 ligand 菜单中，选择 input，将小分子导入到 Autodock tool 中。当打开这个小分子之后，Autodock tool 会自动检查该小分子的氢原子和电荷，如果原来的小分子上没有这些氢原子和电荷的话，Autodock tool 会自动加上。

（2）ligand ——→torsion tree ——→detect root 来自动选择 root

（3）ligand ——→torsion tree ——→choose torsion，这样分子中可以旋转的键将会用绿色来表示，同时会弹出一个对话框，保持这个对话框中的默认设置，点击 done 按钮。

（4）ligand ——→output ——→save as pdbq，这样就得到了小分子的 pdbq 格式的文件，该文件就可以被 Autodock 识别。

在设置之后，在文件中可以发现小分子的文件中多了下面的一些关键字：ROOT、ENDROOT、BRANCH、ENDBRANCH、TORSDOF 等。其中，标有 ROOT 的部分是不可以旋转的部分，标有 TORSDOF 的部分是可以旋转的部分。

三、大分子的处理

大分子的获得相对小分子来说要容易很多，可以直接从 pdb 数据库来下载，或者通过蛋白质三维结构预测工具来进行三级结构的预测。这样得到的结果是 pdb 格式的三级结构文件。Autodock 所识别的是 pdbqs 格式的文件，这种格式的文件比 pdb 格式的文件多了 q 和 s 两项内容，其中 q 是电荷，s 是溶剂参数。在使用 Autodock 之前用 ADT 将 pdb 格式的

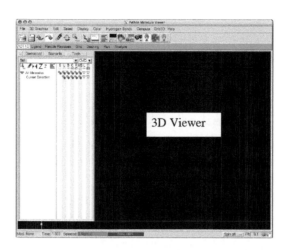

图 3-16 Autodock Tools 界面（引子 Autodock 官网）

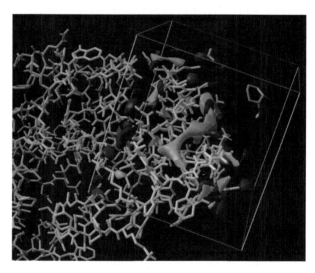

图 3-17 Autodock 手册对网格（grid）的示意图

文件转换成 pdbqs 格式的文件。通过 Autodock tool 来得到 pdbqs 格式的文件，步骤如下。

（1）File ——→ read moleculer，将大分子结构文件导入到 Autodock tool 中。

（2）Edit ——→ bonds ——→ build by distance，这个命令将在原子之间建立范德华键。

（3）color-by atom type，选中 all geometries OK 这样可以使得分子有颜色信息。各种颜色的意义见 Autodock tool 的使用说明。

（4）File ——→ BrowseCommands（如果可以确定分子中不包含水分子 4~6 步可以省略。）选择 pmv 再选择 deletecommand 点击 load model - dismiss。

（5）选择 selete-selete from string，在这里可以选择某些特定的分子来进行单独操作。星号表示所有，也可以用数字来选择个别的分子，在 residue 中输入 HOH *，点击 add 按钮，这样就会选择所有的水分子。

（6）Edit ——→ Delete ——→ Delete AtomSet，在弹出的对话框中选择 continue，便会删除

所有的水分子。

(7) Edit ──→hodrogens ──→add, 在弹出的对话框中, 选择 polpr only 和 noBondOrder 两个选项。

(8) 在下面的工具栏中选择 Grid 菜单──→macromolecule ──→choose macromolecule, 在弹出的对话框中选择相应的分子, 这时程序会弹出一个保存文件的对话框, 将结果保存成一个 pdbqs 格式的文件。

在这个过程中包含了以下几个计算。

(1) 检查是不是有电荷, 如果没有电荷的话, 会给分子添加电荷。

(2) 融合非极性氢。

(3) 检测原子类型, 如果有不常见的原子类型（如一些金属离子 Mn+）的话, 程序会提示你将这种原子的名字改成"X"或者"M"。

四、两个参数文件（gpf 和 dpf）的设置

Autogrid 和 Autodock 这两个程序的直接输入数据是 gpf 和 dpf 这样的两个参数文件, 分子对接的所有的参数都是通过这两个参数文件来设置的。打开 ADT, 设置原子类型：

(1) 将大分子 pdbqs 格式的文件导入到 ADT 中。

(2) 将小分子 pdbq 格式的文件导入到 ADT 中。注：如果只能看到一个分子（大分子或者小分子）, 可以按下 shift 键, 再将鼠标中间的滑轮按下, 移动鼠标, 就可以缩小图像, 这样就可以同时看到两个分子了。

(3) grid ──→macromoleculer ──→choose 选择大分子的 pdbqs 格式的文件。

(4) Grid ──→set maptypes ──→choose ligand。

(5) 在打开的对话框中选择小分子, 然后再在弹出的对话框中点击 accept 就可以设置盒子和中心。

(6) Grid-Grid box 打开一个新的窗口, 同时在原来的窗口中, 可以看到盒子和大分子之间的关系。在新打开的小窗口中通过 File-save 来保存设置的结果。新窗口中的 View-中可以选择盒子的形式, 新窗口中, 可以调整盒子的大小和位置。

这个设置的目标应该是：确保将大分子中的一些关键的氨基酸包围在 grid box 内部。如果不是很清楚关键的氨基酸的具体位置, 或者在蛋白质中有多个活性位点, 则最好将整个大分子都包含在 grid box 内部, 可以通过调整盒子边长的大小和盒子中心的位置来得到这个结果。然而, 如果是将整个大分子都包含在 gridbox 内, 则在后面找合适的小分子构象是会很麻烦。

在用 ADT 进行设置的时候, 发现盒子的边长最大可以设置到 126。这可能就是为什么经常在资料上看到要将这个盒子设置在蛋白质的关键氨基酸位置了。因为盒子的大小是有限的, 如果不设置在关键的氨基酸上, Docking 可能就找不到正确的结合位点。

可以找到一些和要研究的蛋白质的结构和性质类似的结合有小分子的晶体结构。如：现在要做一般的单子叶植物凝集素的分子对接。可以找到雪花莲（GNA）结合有甘露糖的晶体结构（1msa）, 参照这个晶体结构的甘露糖结合位点, 再用 ADT 进行可视化的设置, 尽量将盒子设置的小些, 这样可以提高对接的准确性, 方便后面的结果分析。

(7) 保存结果：grid-output-save gpf。

GPF 一些参数的个人理解：Autodock 需要一种网格地图来加快计算，配体小分子中的每个原子都需要有一种这样的地图。这种地图是一种将大分子包围的三维盒子，这个三维盒子的边长由 npts 参数来定义，然后再将这个大的盒子分成很多的立方体小盒子（边长由 spacing 来定义），盒子的中心用 gridcenter 来定义，这个中心可以设置成蛋白质中的某个重要的氨基酸，或者是通过在 ADT 中观察得到的几何中心。每个立方体的小格子中都有一些能量等信息，通过这些信息来加快 Autodock 的计算。下面是一个 gpf 文件的配置情况。

```
receptor zdh.pdbqs              # macromolecule 大分子结构的文件名
gridfld zdh.maps.fld            # grid_data_file
npts 110 100 100                # num. grid points in xyz 盒子的大小
spacing 0.375                   # spacing (A) 盒子中小格子的边长，这个默认值就不错
gridcenter 68.806 43.171 54.669 # xyz-coordinates or auto 盒子的中心
types COH                       # atom type names
smooth 0.5                      # store minimum energy w/in rad (A)
map zdh.C.map                   # atom-specific affinity map
nbp_r_eps  4.00 0.0222750 12 6  # C-C lj
nbp_r_eps  3.75 0.0230026 12 6  # C-N lj
nbp_r_eps  3.60 0.0257202 12 6  # C-O lj
nbp_r_eps  4.00 0.0257202 12 6  # C-S lj
nbp_r_eps  3.00 0.0081378 12 6  # C-H lj
nbp_r_eps  3.00 0.0081378 12 6  # C-H lj
nbp_r_eps  3.00 0.0081378 12 6  # C-H lj
sol_par 12.77 0.6844            # C atomic fragmental volume, solvation parameters
constant 0.000                  # C grid map constant energy
map zdh.O.map                   # atom-specific affinity map
nbp_r_eps  3.60 0.0257202 12 6  # O-C lj
nbp_r_eps  3.35 0.0265667 12 6  # O-N lj
nbp_r_eps  3.20 0.0297000 12 6  # O-O lj
nbp_r_eps  3.60 0.0297000 12 6  # O-S lj
nbp_r_eps  1.90 0.3280000 12 10 # O-H hb
nbp_r_eps  1.90 0.3280000 12 10 # O-H hb
nbp_r_eps  1.90 0.3280000 12 10 # O-H hb
sol_par 0.00 0.0000             # O atomic fragmental volume, solvation parameters
constant 0.236                  # O grid map constant energy
map zdh.H.map                   # atom-specific affinity map
nbp_r_eps  3.00 0.0081378 12 6  # H-C lj
nbp_r_eps  2.75 0.0084051 12 6  # H-N lj
nbp_r_eps  1.90 0.3280000 12 10 # H-O hb
nbp_r_eps  3.00 0.0093852 12 6  # H-S lj
```

```
nbp_ r_ eps   2.00 0.0029700 12  6    # H-H lj
nbp_ r_ eps   2.00 0.0029700 12  6    # H-H lj
nbp_ r_ eps   2.00 0.0029700 12  6    # H-H lj
sol_ par      0.00 0.0000              # H atomic fragmental volume, solvation parameters
constant      0.118                    # H grid map constant energy
elecmap zdh.e.map                      # electrostatic potential map
dielectric  -0.1146                    # <0, distance-dep.diel; >0, constant
#
```

（8）打开 ADT，Docking—macromoleculer—choose 选中要设置的大分子的 pdbqs 格式的文件。

（9）Docking—ligand—choose AD3 选中配体小分子后，会打开一个对话框。

（10）Docking—search parmeter 选择合适的算法后，可以对这种算法的参数做具体的设置。

（11）Docking—write dpf 保存结果

下面是一个 dpf 文件：

```
outlev 1                               # diagnostic output level 输出信息多少的控制  SA 用
```
1，GA 或者 GA-LS 这个值需要调整成为 0
```
seed pid time                          # seeds for random generator
types COH                              # atom type names
fld zdh.maps.fld                       # grid_ data_ file
map zdh.C.map                          # atom-specific affinity map
map zdh.O.map                          # atom-specific affinity map
map zdh.H.map                          # atom-specific affinity map
map zdh.e.map                          # electrostatics map
move man.pdbq                          # small molecule
about -1.6752 -0.8689 -2.1293          # small molecule center
tran0 random                           # initial coordinates/A or random
quat0 random                           # initial quaternion
ndihe 5                                # number of active torsions 可以变动的键的数目
dihe0 random                           # initial dihedrals (relative) or random 设置小分子中
```
的活动键的一个参数，random 表示以一个随机的位置开始
```
tstep 2.0                              # translation step/A
qstep 50.0                             # quaternion step/deg
dstep 50.0                             # torsion step/deg 最大二面角步长
torsdof 1 0.3113                       # torsional degrees of freedom and coeffiecent
intnbp_ r_ eps   4.00 0.0222750 12 6   # C-C lj
intnbp_ r_ eps   3.60 0.0257202 12 6   # C-O lj
intnbp_ r_ eps   3.00 0.0081378 12 6   # C-H lj
intnbp_ r_ eps   3.20 0.0297000 12 6   # O-O lj
```

```
      intnbp_ r_ eps   2.60 0.0093852 12 6      # O-H lj
      intnbp_ r_ eps   2.00 0.0029700 12 6      # H-H lj
      #
      rmstol 1.5                                # cluster_ tolerance/A 聚类分析的标准
      extnrg 1000.0                             # external grid energy
      e0max 0.0 10000                           # max initial energy; max number of retries 下面几个
是针对遗传算法的一些设置
      ga_ pop_ size 150                         # number of individuals in population（取值范围是
50~200，如果用 Autodock 生成参数文件的话，默认的值是 150）
      ga_ num_ evals 250000                     # maximum number of energy evaluations（如果用
Autodock 来生成的话，默认的值是 150000）
      ga_ num_ generations 27000                # maximum number of generations
      ga_ elitism 1                             # number of top individuals to survive to next generation
      ga_ mutation_ rate 0.02                   # rate of gene mutation
      ga_ crossover_ rate 0.8                   # rate of crossover
      ga_ window_ size 10                       #
      ga_ cauchy_ alpha 0.0                     # Alpha parameter of Cauchy distribution
      ga_ cauchy_ beta 1.0                      # Beta parameter Cauchy distribution
      set_ ga                                   # set the above parameters for GA or LGA
      sw_ max_ its 300                          # iterations of Solis & Wets local search
      sw_ max_ succ 4                           # consecutive successes before changing rho
      sw_ max_ fail 4                           # consecutive failures before changing rho
      sw_ rho 1.0                               # size of local search space to sample
      sw_ lb_ rho 0.01                          # lower bound on rho
      ls_ search_ freq 0.06                     # probability of performing local search on individual
      set_ sw1                                  # set the above Solis & Wets parameters
      ga_ run 100                               # do this many hybrid GA-LS runs 该参数相当于是小
分子的数目
      analysis                                  # perform a ranked cluster analysis 执行一个聚类分析
```

五、结果的处理

（1）按照 run 的次序排列下来的对接结果。

（2）聚类分析。

（3）聚类的结果表。

（4）按照聚类表中的顺序，将每一个类中能量最低的一个列出来，找结果就是从这里的这个顺序。

聚类分析得到几个类，这里就有几个结果。分别将这些结果和大分子合并到一个文件中，然后将合并后的文件在 Rasmol 中打开。通过这种方法来排除明显不正确的结果（推荐使用 UltraEdit）。

在对接的过程中，大分子是保持不变的，Autodock 的结果是小分子的不同构象，将这些小分子构象的坐标复制到大分子 pdb 格式文件的最后，就是所谓的将这两个分子合并到一起了，这样在 swiss-viewer 中便可以看到它们之间的氢键了。

初步得到结果后，再用 Swiss-viewer 来看看是不是可以形成文献中说的氢键。将两个分子在 Swiss-viewer 中打开，tool ⟶ compute H-bonds。在 Swiss-viewer 中可以通过 Windows-control panel 来打开 control panel，通过这个窗口来选择有用的氨基酸，使得没有用的氨基酸残基不显示。

这样得到最后的结果。在排除的过程中，是需要反复去试的，有时候虽然在 RasMol 中看的没有问题，不过在计算氢键的时候，却没有得到理想的结果。如果上面的 gridbox 设置的比较小，在这一步骤中能量最低的那个可能就是正确的结果，这样可以节省很多的时间。在这一步中，最重要的是要有耐心，否则是得不到结果的。这些工作很耗费时间。

第五节 分子模拟原理与工具

分子模拟作为生物信息学以及计算化学的一个重要领域，已经成为研究蛋白与配体相互作用的重要研究手段。分子模拟的基本原理是：建立一个粒子系统，对所研究的微观粒子建立数学模型，假设粒子的运动符合经典牛顿力学规律，通过对粒子运动学方程组的求解，得出粒子在相空间的运动规律和轨迹，然后按照统计学原理得出该系统相应的宏观物理特性。分子模拟的主要优势在于可以降低实验成本、具有较高的安全性、实现通常条件下较难或无法进行的实验、研究极快速的反应和变化等。近年来分子模拟技术发展迅速并在多个学科领域得到了广泛的应用。在药物设计领域，可用于研究药物配体与受体的作用机理等；在生物科学领域，可用于研究蛋白质结构与性质；在化学领域，可用于研究表面催化及机理等。

一、分子模拟的主要方法

分子模拟的主要模拟方法有量子力学模拟和牛顿经典力学模拟，量子力学模拟主要依据从头计算的方法和半经验等方法；经典力学模拟的方法主要依据分子力学、分子动力学、布朗动力学进行模拟。随着量子力学理论的逐步完善、经验力场的不断开发和更快更准确的算法以及计算机计算速度、计算量的不断提升，分子模拟所担当的角色也由纯粹的解释逐渐过渡到解释、指导及预测并重。然而，量子力学的方法目前更多地适用于简单的分子或电子数目较少的体系。分子力学方法依据经典力学计算分子的各种特性。利用分子力学的方法可计算体系庞大分子的稳定构象、热力学特性及振动光谱等信息。分子力学的力场函数中含有许多参数，这些参数可由量子力学计算或通过科学实验获得。与量子力学相比较，分子力学方法简便、快速，可快速得到分子的各种性质。甚至在某些情况下，由分子力学方法所得到的结果几乎可以与高阶量子力学方法所得到的结果一致，但其所需的计算时间却远远小于量子力学的计算。故分子力学方法常被用于药物、团簇体、聚合物大分子的研究。

二、分子模拟常见工具

GROMACS（http：//www.gromacs.org/）是一个功能强大的分子动力学的模拟软件（图3-18），其在模拟大量分子系统的牛顿运动方面具有极大的优势。它的模拟程序包包含GROMACS力场，可以用分子动力学、随机动力学或者路径积分方法模拟溶液或晶体中的任意分子，进行分子能量的最小化，分析构象等。GROMACS的一般模拟过程可以分成前处理、模拟和后处理三个阶段。前处理包括生成模拟对象的坐标文件、拓扑结构文件以及平衡参数及其外力作用参数等文件等；模拟过程首先要对系统进行能量最小化，避免结构的不合理而在模拟中出现错误，然后是对系统升温过程，最后进行真正的分子动力学模拟，即平衡过程。在模拟的过程中，用户可以运用配套的可视化软件（如：VMD）观测模拟的过程及系统的状态。后处理过程是指模拟结束后，GROMACS会产生一系列文件，如受力分析文件（.pdo）、模拟过程结果文件（.trr）、能量文件（.edr）等。GROMACS提供多种分析程序，可以对这些文件进行分析，得到分子体系的各种信息。GROMACS的运行主要由一系列文件和命令组成，操作简单，功能丰富，而且支持几乎所有当前流行的分子模拟软件的算法，具有友好的用户界面，拓扑文件和参数文件都以文档的形式给出。GROMACS的运行是分步的，随时可以检查模拟的正确性和可行性。此外，GROMACS能通过二进制文件写入坐标数据，这就提供了一个压缩性很强的轨迹数据存储方法。最后GROMACS允许并行运算，节省计算时间。

图3-18 GROMACS

Insight Ⅱ（http：//lms.chem.tamu.edu/insightⅡ.html）集成了从生物分子结构功能研究到基于靶点药物设计的全套工具，是生物学家从事理论研究和具体实验方案设计的助手（图3-19）。Insight Ⅱ在揭示蛋白质结构功能关系、生物分子模拟与动力学计算、药物设计、酶工程、生物分子间的相互作用等方面有着广泛的应用。Insight Ⅱ由多个组件构成，主要包括：Insight Ⅱ LS是Insight Ⅱ的图形界面；Sketcher可以帮助用户画出分子的二维结构，能够将分子的二维绘图自动转化为三维构象；Discover是分子力学计算的工具，包括著名的Amber力场、cvff力场、esff力场和cff91力场，可以进行分子力学及分子动力学模拟、预测有机物、无机物和生物系统等分子系统的结构、能量及特性，Biopolymer可通过替换、添加或删除残基来对多肽结构进行调整，构建多肽的主链结构，并用旋转异构体库优化侧链构象，让用户自动检测并设定任何蛋白质的结构域，还可以让用户构建和搜索蛋白质结构数据库，MODELER 可以自动比对并模建出目标序列的三维结构，并利用 CHARMm 力场对空间约束和立体化学几何进行了优化，DelPhi 是分子表面静电势分析的工具。在不同的溶液条件下计算分子表面静电势，分析活性位点的结合作用，帮助用户正确处理配体－靶点之间的相互作用。

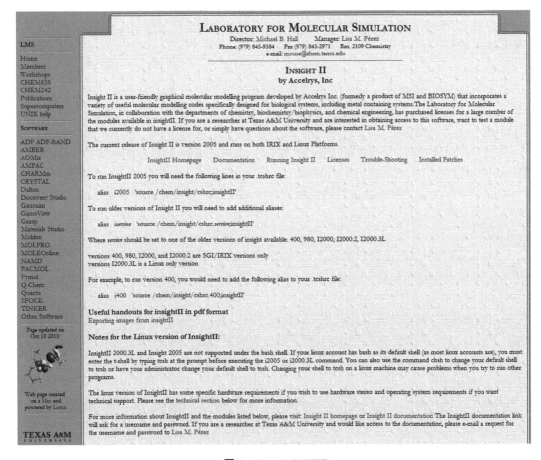

图 3－19 INSIGHT

SYBYL-X 是药物与分子设计工具，支持 LINUX 和 WINDOWS 操作系统，为用户提供了综合的分子模拟工具，包括：结构搭建与可视化，注解截屏等。在 SYBYL-X 中，完成常规任务更加快捷与便利，从获得数据到科学发现的发表等全部工作流程的性能得到提升。

第六节　分子动力学模拟工具 Amber

Amber（http：//ambermd.org/）是程序套件集合的名称，用于分子（特别是生物分子）的动力学模拟，并不是哪个具体的程序叫这个名称，而是很好地协调工作的各个程序部分一起提供了一个强大的理论框架，用于多种通用计算。Amber 提供两部分内容：用于模拟生物分子的一组分子力学力场（无版权限制，也用于其他一些模拟程序中）；分子模拟程序软件包，包含源代码和演示。发布版包含了大约 60 个程序，它们相当好地协调工作。主要的程序有：

Sander

用来自 NMR 的能量限制模拟退火。可以基于来自 NOE 的距离限制和扭转角限制、基于化学位移和 NOESY 值的性能损失函数，进行 NMR 的精细化。Sander 也是用于分子动力学模拟的主程序。

gibbs

程序包含自由能微扰（FEP）和热动力学积分（TI），还允许平均力势（PMF）的计算。

roar

进行 QM/MM 计算，"真正的" Ewald 模拟，以及备用的分子动力学积分程序。

nmode

使用一阶和二阶导数信息进行简正模式分析的程序，用于寻找局域最小值，进行振动分析，寻找过渡态。

LEaP

X-windows 程序，用于基本模型，AMBER 坐标和参数/拓扑文件的创建。它包含分子编辑器，可以创建基团和操作分子。

antechamber

该程序套件对大多数有机分子自动产生力场描述。它从结构开始（通常是 PDB 格式），产生 Leap 可识别的文件用于分子模拟。要求对蛋白质和核酸产生的力场与通常的 Amber 力场一致。

ptraj 和 carnal

用于分析 MD 轨迹，计算参考结构的 RMS 偏差，氢键分析，时间相关函数，扩散特性，等。

mm_ pbsa

脚本，对 MD 轨迹自动后期处理，用连续溶剂方法进行热力学分析。它能够把能量归属到不同的基团片断中去，并估算不同构象之间的自由能量差。

一、生成小分子模板

蛋白质中各氨基酸残基的力参数是预先存在的，但是很多模拟过程会涉及配体分子，这些有机小分子有很高的多样性，它们的力参数和静电信息不可能预存在库文件中，需要根据需要自己计算生成模板。amber 中的 antechamber 程序就是生成小分子模板的。

生成模板要进行量子化学计算，这一步可以由 antechamber 中附带的 mopac 完成，也可以由 gaussian 完成，这里介绍用 gaussian 计算的过程（图 3-20）。

建议在计算前用 sybyl 软件将小分子预先优化，不要用 gaussian 优化，大基组从头计

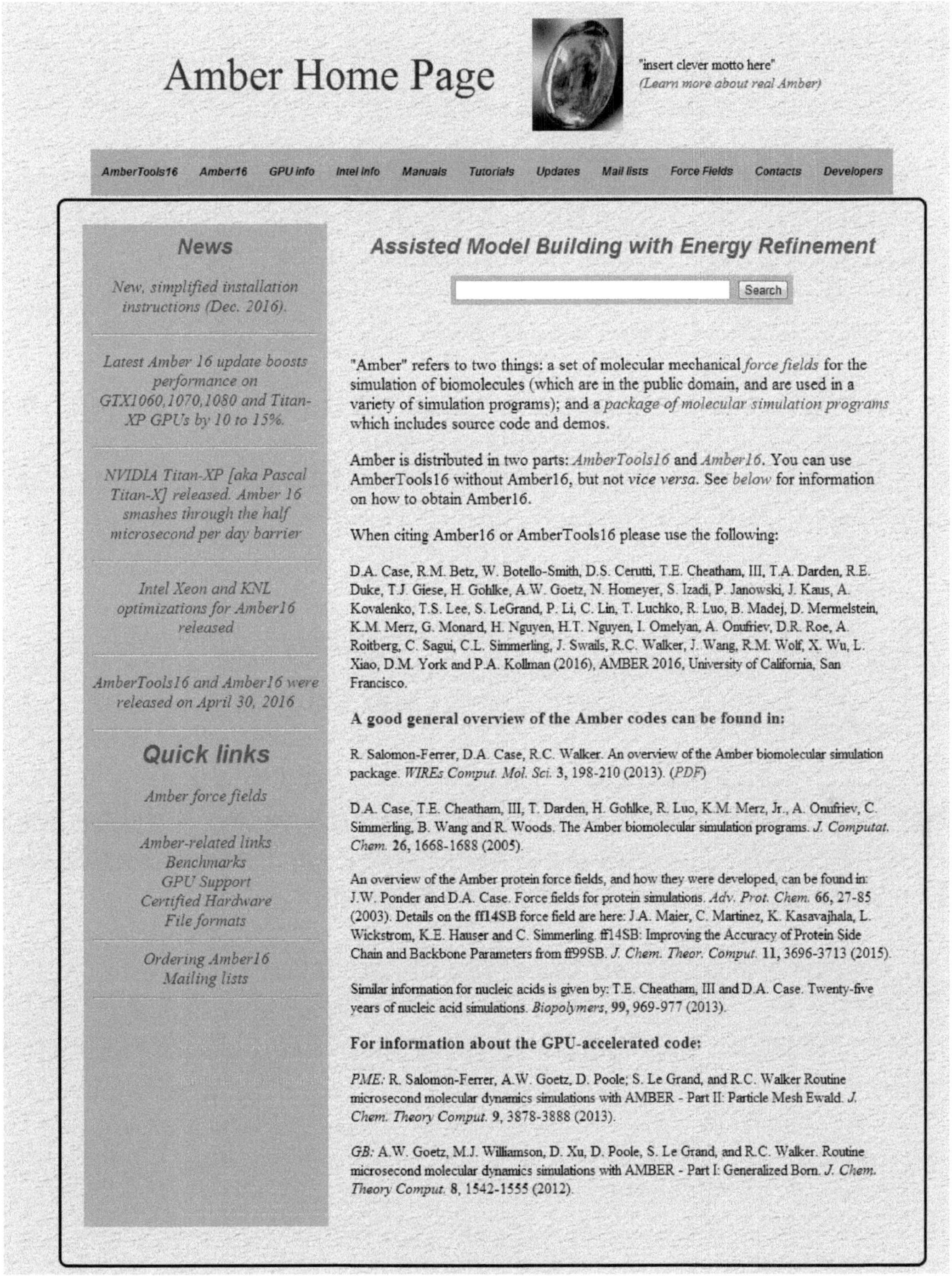

图 3-20 Amber

算进行几何优化花费的计算时间太长。gaussian 计算的输入文件可以用 antechamber 程序直接生成，生成后去掉其中关于几何优化的参数即可。

将小分子优化后的结构存储为 mol2 各式，上传到工作目录，用 antechamber 程序生成 gaussian 输入文件，命令如下：

antechamber – i 49. mol2 – fi mol2 – o 49. in-fo gzmat

这样可以生成 49. in 文件，下载到 windows 环境，运行 gaussian 计算这个文件，如果发现计算时间过长或者内存不足计算中断，可以修改文件选择小一些的基组。获得输出文件 49. out 之后将它上传到工作目录，再用 antechamber 生成模板，命令如下：

antechamber-i 49. out-fi gout-o 49mod. mol2 – fo mol2 – c resp

运行之后就会生成一个新的 mol2 文件，如果用看图软件打开这个文件会发现，原子的颜色很怪异，这是因为 mol2 的原子名称不是标准的原子名称，看图软件无法识别。下面一步是检查参数，因为可能会有一些特殊的参数在 gaff 中不存在，这就需要程序输入如下：

parmchk-i 49mod. mol2 – f mol2 – o 49mod

这样，那些特殊的参数就存在 49mod 这个文件中了。

二、处理蛋白质文件

Amber 自带的 leap 程序是处理蛋白质文件的，它可以读入 PDB 格式的蛋白质文件，根据已有的力场模板为蛋白质赋予键参数和静电参数。PDB 格式的文件有时会带有氢原子和孤对电子的信息，但是在这种格式下氢原子和孤对电子的命名不是标准命名，力场模板无法识别这种不标准的命名，因此需要将两者的信息删除

ATOM 12 1H ARG A 82 12.412 8.891 34.128 1.00 0.00 H

在 PDB 格式里面，氢原子的信息会在第 13 或者 14 列出现 H 字符，可以应用 grep 命令删除在 13 或者 14 列出现 H 的行，命令如下：

grep-v............H'1t4j. pdb > x
grep-v............H'x > 1t4j_ noh. pdb

除了删除氢和孤对电子，还应该把文件中的结晶水、乙酸等分子删除，这些分子的信息常常集中在文件的尾部，可以直接删除。

处理过之后的蛋白质文件，只包括各氨基酸残基和小分子配体的重原子信息，模拟需要的氢原子和水分子将在 leap 中添加接下来需要进一步整理蛋白质文件，主要关注氨基酸的不同存在形态和小分子的原子名称。半胱氨酸有两种存在形态，有的是两个半胱氨酸

通过二硫键相连，有的则是自由的，两种半胱氨酸在力场文件中是用不同的 unit 来表示的，这相当于是两个完全不同的氨基酸，需要手动更改蛋白质文件中半胱氨酸的名字，桥连的要用 CYX，自由的用 CYS。组氨酸有若干种质子态，和半胱氨酸一样，也需要查阅文献确定这些质子态，并更改残基名称。最后需要修改的是配体分子的原子名，这是工作量最大的事情，仔细观察可以发现，一般 PDB 文件中配体的各个原子名称，和上面通过 antechamber 生成的原子名称并不一致，这会造成 leap 无法识别这些原子，无法为这些原子赋予力参数和静电参数，因此需要手动更改蛋白质文件中配体分子的原子名称。

三、生成拓扑文件和坐标文件

用 Amber 进行分子动力学模拟需要坐标和拓扑文件，坐标文件记录了各个质点所坐落的坐标，拓扑文件记录了整个体系各质点之间的链接状况、力参数电荷等信息。这两个文件是由 leap 程序生成的。

Amber 中有两个 leap 程序，一个是纯文字界面的 tleap，一个是带有图形界面的 Xleap。但是 amber 的图形界面做得很差，用远程登录使用图形界面不仅麻烦而且慢，所以我比较偏爱使用 tleap，两个 leap 的命令是完全一样的，其实用哪一个都无所谓。启动 tleap，在 shell 里输入命令 tleap，leap 就启动了，shell 里会显示

-I: Adding /usr/local/amber8/antechamber-1.23/dat/leap/prep to search path.
-I: Adding /usr/local/amber8/antechamber-1.23/dat/leap/lib to search path.
-I: Adding /usr/local/amber8/antechamber-1.23/dat/leap/parm to search path.
-I: Adding /usr/local/amber8/antechamber-1.23/dat/leap/cmd to search path.
Welcome to LEaP!
(no leaprc in search path)
\>

下面要调入库文件。Amber 是模拟生物分子很好的工具，因为它专门为蛋白质、多糖以及核酸量身定做了 amber 力场，力场的所有参数都存储在库文件里，所以打开 leap 第一件事便是调入库文件。amber 提供了很多种库，这里我们只用到两个库，gaff 和 02 库，输入命令：

\> source leaprc. gaff
\> source leaprc. ff02

之后两个库就调入进来了，这时可以用 list 命令看看库里都有什么：

\> list
ACE ALA ARG ASH ASN ASP CALA CARG
CASN CASP CCYS CCYX CGLN CGLU CGLY CHCL3BOX
CHID CHIE CHIP CHIS CILE CIO CLEU CLYS

CMET CPHE CPRO CSER CTHR CTRP CTYR CVAL
CYM CYS CYX Cl-Cs + DA DA3 DA5
DAN DC DC3 DC4 DC5 DCN DG DG3
DG5 DGN DT DT3 DT5 DTN GLH GLN
GLU GLY HID HIE HIP HIS HOH IB
ILE K + LEU LYN LYS Li + MEOHBOX MET
MG2 NALA NARG NASN NASP NCYS NCYX NGLN
NGLU NGLY NHID NHIE NHIP NHIS NILE NLEU
NLYS NMABOX NME NMET NPHE NPRO NSER NTHR
NTRP NTYR NVAL Na + PHE PL3 POL3BOX PRO
RA RA3 RA5 RAN RC RC3 RC5 RCN
RG RG3 RG5 RGN RU RU3 RU5 RUN
Rb + SER SPC SPCBOX T4E THR TIP3PBOX TIP4PBOX
TIP4PEWBOXTP3 TP4 TP5 TRP TYR VAL WAT
gaff parm99
\>

这里面罗列的就是库里面的 unit，包括 20 种氨基酸、糖以及核酸还有一些常见离子的参数，下面一步是调入配体分子的模板，首先补全参数，输入命令：

> \> loadamberparams 49mod

然后读入模板文件，输入命令：

> \> MOL = loadmol2 49mod. mol2

其中 MOL 是 unit 的名字，要保证这个名字和 pdb 文件中配体的残基名完全一致，否则系统仍然无法识别 pdb 文件中的小分子，现在再输入 list 命令会发现库里面多了一个 u-nit，那个就是配体分子的模板。

> \> list
> ACE ALA ARG ASH ASN ASP CALA CARG
> CASN CASP CCYS CCYX CGLN CGLU CGLY CHCL3BOX
> CHID CHIE CHIP CHIS CILE CIO CLEU CLYS
> CMET CPHE CPRO CSER CTHR CTRP CTYR CVAL
> CYM CYS CYX Cl-Cs + DA DA3 DA5
> DAN DC DC3 DC4 DC5 DCN DG DG3
> DG5 DGN DT DT3 DT5 DTN GLH GLN
> GLU GLY HID HIE HIP HIS HOH IB
> ILE K + LEU LYN LYS Li + MEOHBOX MET
> MG2 MOL NALA NARG NASN NASP NCYS NCYX

NGLN NGLU NGLY NHID NHIE NHIP NHIS NILE
NLEU NLYS NMABOX NME NMET NPHE NPRO NSER
NTHR NTRP NTYR NVAL Na+ PHE PL3 POL3BOX
PRO RA RA3 RA5 RAN RC RC3 RC5
RCN RG RG3 RG5 RGN RU RU3 RU5
RUN Rb+ SER SPC SPCBOX T4E THR TIP3PBOX
TIP4PBOX TIP4PEWBOXTP3 TP4 TP5 TRP TYR VAL
WAT gaff parm99
>

下面读入 pdb 文件，输入命令：

> comp = loadpdb 1t4j_ noh.pdb

如果输入这个命令之后，屏幕上出现了大量的创建 unit 或者 atom 的信息，如下所示，则说明上面一步的 pdb 文件处理没有做好，还需要重新处理，通常这种情况都发生在配体分子上面，有时则是因为蛋白质中存在特殊残基。

Creating new UNIT for residue: FRJ sequence: 1
Created a new atom named: O36 within residue: .R
Created a new atom named: S33 within residue: .R
Created a new atom named: O35 within residue: .R
Created a new atom named: N34 within residue: .R

如果屏幕仅仅显示添加原子，这说明输入的 PDB 文件中缺失了部分重原子，leap 根据模板自动补全了这些缺失的原子，这种情况不会影响进一步的计算。

Added missing heavy atom: .R.A
Added missing heavy atom: .R.A
Added missing heavy atom: .R.A
Added missing heavy atom: .R.A

根据体系的具体情况，还可能要将成对的 CYX 残基中的二硫键相连，有时候还会链接其他原子，比如将糖基链接在氨基酸残基上，用 bond 命令可以完成，命令用法如下：

> bond comp.35.SG comp.179.SG

其中 comp 是刚才读入的分子名称，35 和 179 是残基序号，SG 是 CYX 残基模板中硫原子的名称，用 comp.35.SG 这样的语法就可以定位一个原子，如果希望进行考虑溶剂效应的动力学模拟，可能还需要为体系加上水，加水有很多种命令，这里只列举一个：

> solvatebox comp TIP3PBOX 10.0

solvatebox 命令是说要加上一个方形的周期水箱，comp 指要加水的分子，TIP3PBOX 是选择的水模板名称，10.0 是水箱子的半径，有的体系总电荷不为 0，为了模拟稳定，需要加入抗衡离子，系统会自动计算体系的静电场分布，在合适的位置加上离子，命令如下：

> addions comp Na + 0

意思是用钠离子把体系总电荷补平，还可以选择其他库里面有的离子。完成这一步之后就可以输出拓扑文件和坐标文件了，但是为了方便起见，在运行最后一步之前要先把 leap 里加工好的分子单独存成一个库文件，以后可以直接调用这个库文件，避免重复上面的操作：

> saveoff comp 1taj.off

这样就生成了一个 off 文件在那里，下面输出拓扑文件和坐标文件：

> saveamberparm comp 1t4j.prmtop 1t4j.inpcrd
hecking Unit.

Building topology.
Building atom parameters.
Building bond parameters.
Building angle parameters.
Building proper torsion parameters.
Building improper torsion parameters.
total 1 improper torsion applied
Building H-Bond parameters.
Not Marking per-residue atom chain types.
Marking per-residue atom chain types.
(Residues lacking connect0/connect1 -
these don't have chain types marked:
res total affected

CMET 1

> quit

现在准备好拓扑文件和坐标文件，接下来就可以开始能量优化和动力学模拟了。还可

以用 ambpdb 这个命令生成一个 pdb 文件,直观地看一看生成了什么,命令如下:

$ ambpdb-p 1t4j. prmtop <1t4j. inpcrd> kankan. pdb
New format PARM file being parsed.
Version = 1.000 Date = 09/08/06 Time = 16:36:09

四、能量优化

用 Amber 进行分子动力学模拟需要坐标和拓扑文件,这在上一步已经完成了,分别生成了 1t4j. prmtop 和 1t4j. inpcrd 两个文件,下面一步就是动力学模拟之前的能量优化了。由于我们进行的起始结构来自晶体结构或者同源模建,所以在分子内部存在着一定的张力,能量优化就是在真正的动力学之前,释放这些张力,如果没有这个步骤,在动力学模拟开始之后,整个分子可能会因此散架。能量优化由 sander 模块完成,运行 sander 至少需要三个输入文件,分别是分子的拓扑文件,坐标文件以及 sander 的控制文件。现在分子的拓扑文件和坐标文件已经完成,需要建立输入文件:

```
min_ 1. in
Initial minimisation of our structures
&cntrl
imin = 1, maxcyc = 4000, ncyc = 2000,
cut = 10, ntb = 1, ntr = 1,
restraint_ wt = 0.5
restraintmask = ': 1 - 283'
/
```

文件首行是说明,说明这项任务的基本情况;&cntrl 与/之间的部分是模拟的参数,其中 imin = 1 表示任务是能量优化,maxcyc = 4 000表示能量优化共进行 4 000步,ncyc = 2 000表示在整个能量优化的 4 000步中,前 2 000步采用最陡下降法,在 2 000步之后转换为共轭梯度法,如果模拟的时候不希望进行方法的转换,可以再加入另一个关键词 NTMIN,如果 NTMIN = 0 则全程使用共轭梯度法,NTMIN = 2 则全程使用最陡下降法,此外还有 = 3 和 = 4 的选项,分别是 xmin 法和 lmod 法,具体情况可以看手册。

第二行的 cut = 10 表示非键相互作用的截断值,单位是埃,ntb = 1 表示使用周期边界条件,这个选项要和前面生成的拓扑文件坐标文件相匹配,如果前面加溶剂时候用的是盒子水,就设置 ntb = 1,如果加的是层水,那就应该选择 ntb = 0;ntr = 1 表示在能量优化的过程中要约束一些原子。第三行和第四行都是关于约束原子的信息,restraint_ wt = 0.5 限定了约束的力常数,在这里约束原子就是把原子用一根弹簧拉在固定的位置上,一旦原子偏离固定的位置,系统就会给它施加一个回复力,偏离得越远,回复力越大,回复力就是由这个力常数决定的,单位是 Kcal/(mol * A)。restraintmask = ': 1 - 283' 表示约束的是从 1 到 283 号残基,在这个分子中,1 - 283 号残基是蛋白质上的氨基酸残基,从 284 号开始,就都是水了,所以这个命令的意思就是,约束整个蛋白质,自由地优化溶剂分子。因为溶剂分子是前面的 tleap 自动给加上的,所以一定要额外多关注一些。下面运行 sander 来执行这个优化:

$ sander-O-i min_ 1. in-p 1t4j. prmtop-c 1t4j. inpcrd-ref 1t4j. inpcrd-r 1t4j_ min1. rst-o 1t4j_ min1. out

命令中, -O 表示覆盖所有同名文件, -i min_ 1. in 表示 sander 的控制文件是 min_ 1. in, -p 1t4j. prmtop 表示分子的拓扑文件, -c 1t4j. inpcrd 表示坐标文件, -ref 1t4j. inpcrd 是参考坐标文件,只有在控制文件中出现关键词 ntr = 1 的时候才需要给 sander 指定 -ref 文件,这是约束原子的参考坐标, -ref 1t4j. inpcrd 就是说以 1t4j. inpcrd 中的坐标为准进行约束原子的优化。以上这四个是输入文件。-r 1t4j_ min1. rst 表示经过模拟之后新的原子坐标会输出到 1t4j_ min1. rst 文件中, -o 1t4j_ min1. out 则表示优化过程中的相关信息都会写入到 1t4j_ min1. out 文件中。

运行起这个命令之后,等拿到 1t4j_ min1. rst 文件就意味着对溶剂的优化已经差不多了,显然下面还需要对蛋白质本身进行优化,这个优化还要分两步进行,控制文件分别是 min_ 2. in 和 min_ 3. in。

  min_ 2. in
  Initial minimisation of our structures
  &cntrl
  imin = 1, maxcyc = 5 000, ncyc = 2 500,
  cut = 10, ntb = 1, ntr = 1,
  restraint_ wt = 0. 5
  restraintmask = ': 1 - 283@ CA, N, C'
  /

在这里发生变化的是约束原子的范围,': 1 - 283@ CA, N, C' 表示 1 - 283 号残基中名叫 CA, N 和 C 的原子,这些原子实际上是蛋白质主链上的原子,也就是说这一次的优化是约束了蛋白质主链上的原子之后,对溶剂和侧链原子进行自由优化。

  min_ 3. in
  Initial minimisation of our structures
  &cntrl
  imin = 1, maxcyc = 10 000, ncyc = 5 000,
  cut = 10, ntb = 1,
  /

在这里不再进行约束原子的优化了,对整个分子进行全原子优化。三步优化的命令如下:

$ sander-O-i min_1.in-p 1t4j.prmtop-c 1t4j.inpcrd-ref 1t4j.inpcrd-r 1t4j_ min1.rst-o 1t4j_min1.out

$ sander-O-i min_2.in-p 1t4j.prmtop-c 1t4j_min1.rst-ref 1t4j_min1.rst-r 1t4j_min2.rst-o 1t4j_min2.out

$ sander-O-i min_3.in-p 1t4j.prmtop-c 1t4j_min2.rst-r 1t4j_heat0.rst-o 1t4j_min3.out

限制那些分子就是说不对这些分子进行优化，在上面的三个优化步骤中，第一次限制了所有的分子，就表示对溶剂进行了优化，第二次是限制了蛋白质主链上的原子，就表示对蛋白质的侧链和溶剂进行优化，第三步没有任何的限制，就表示对体系的全体进行优化。

五、LEAP 使用

在使用 AMBER 进行模拟之前都要使用一下 Leap 这个程序，原因是：①该程序可以将其他的数据格式转变成 AMBER 所需要的数据格式。②Leap 可以检测出原数据中的一些错误。这些注释命令是以 GNA（雪花莲凝集素）和一个糖链的复合体（pdb 序列号：1JPC）为例来说明。pdb 格式中的小分子糖的名字是不被 AMBER 程序所识别的。如果需要处理这些糖分子，首先就应该把糖分子的名字换成 AMBER 所识别的名字。糖的不同构形等在 AMBER 所识别的名字体系中都有不同的体现，这样的名字体系就更详细的描述了糖的结构。具体的解释参考 AMBER9 的使用说明。每一个糖的支链之间都要用一个 TER 来分开，否则会出问题。

曾经遇到的一个问题：单独的糖链在 leap 中进行溶剂化步骤时（solvateBox），系统提示有错误。后来发现原因是：在只有糖的体系中仍然需要加 leaprc.ff99 力场。我觉得是因为 leaprc.ff99 中包含了水分子的力场。遇到结合多个小分子的大分子体系时要注意在 pdb 结构中，小分子的分子序数不可以相同，分别修改成 1、2、3 就可以了，就这么简单。Leap 程序主要分五个步骤：

(1) 启动 leap，载入力场参数文件，导入 pdb 文件。

xleap-s-f $ AMBERHOME/dat/leap/cmd/leaprc.ff99

-s 表示不使用默认的力场参数文件，-f 后面是自己选择的参数文件，leaprc.ff99 是一个力场参数文件，需要其他的力场参数的话就要加其他的参数文件，详见说明书。

source leaprc.glycam04

导入糖的力场参数文件。如果体系中只有氨基酸分子，就不需要加这个力场了。将一个 pdb 文件导入的程序中

gna = loadpdb gna.pdb

(2) 加溶剂。就是给系统加一个环境 box，使得溶质在溶剂中，而不是在真空中。如果是在真空下进行，去掉这一步骤就可以了。

    solvateBox gna TIP3PBOX 10

TIP3PBOX 是溶剂模型，也可以使用其他的溶剂模型，如：WATERBOX216。10 是用来控制 box 的大小的，要适当，太大了会使计算的时间很长，注意调整这个参数。一般情况下都是取 10。小分子糖好像也是 10。在 xleap 的环境下，运行下面的命令来看看这个盒子是不是合适。

    edit gna

(3) 加离子，使得系统处于电中性。charge gna 看看体系是处于正电还是负电的情况下，如果是正电的话需要加 Cl^-，如果是负电的话，需要加 Na^+。

    addIons2 gna Cl^- 0
    addIons2 gna Na^+ 0

这样平衡的电荷都是整数，如果体系的电荷不是整数的话，小数部分的电荷就不能处理。这样便会在后面有警告信息出现。这一步骤需要的时间比较长，在 GNA 的例子中大约需要十分钟左右。

(4) 保存结果。

    saveAmberParm gna gna.top gna.crd

AMBER 程序的输入和输出可以分为两种：一种是参数文件（ksleap.top），一种是坐标文件（ksleap.crd）。参数文件可以是包含了力场参数的内容，也可以是一些其他的内容。坐标文件就是结构的信息，pdb 就可以说是一种坐标文件。最后再保存一个 pdb 格式的文件，后面需要用到 pdb 文件中的信息时要以这里得到的这个文件为准。

    savepdb gna gna.pdb

(5) 退出 leap 程序。

    quit

接下来就是要用这两个文件进行能量优化。注意：这样得到的结果中有警告信息，说是体系的电荷不为0，究竟这个提示会不会对后面的模拟造成影响，现在还不知道，但不影响下面的操作。

在一个由大分子和糖组成的复合体中，不能简单的将其中的糖分子的名字修改成AMBER力场参数所识别的那种，需要首先构建一个构建多个unit然后用combine将它们连接到一起，尽管这样也会有些错误的提示，但是却可以得到相关的参数文件和坐标文件，同时不要把Leap程序看简单了，它有很多的命令可以用于构建一些分子，而不仅仅是把一个分子导进去再导出来就可以了。下面一些命令是需要学习的：

Combine
Sequence
Check gna
Desc gna
Charge gna
List

这些命令都是很有用的，详细的解释最好参考AMBER9的手册，此外，Leap的图形界面xleap并不好用，而且也不是很方便，因此建议使用tleap，使用xLeap的时候一定要记住要关闭Num Lock键！否则工具栏会无法使用。

六、MD过程

这一步骤是动力学模拟的最后一个步骤，是最关键的一个步骤，也是很消耗时间的步骤。如果觉得自己的计算条件不是很好的话，可以将这一步骤的模拟分成很多的小段，这样做是为了一旦系统崩溃，我们不会损失已经进行的所有工作。而且这样分开处理还可以保证每个输出文件和轨迹文件的大小都适合处理。

在进行正式的动力学模拟之前，需要先进行一次小的动力学模拟以使得体系的温度等参数稳定。所以这一步骤最少需要两次模拟。和能量优化一样，动力学模拟也需要三个输入文件，分别是：分子的拓扑文件（后缀是top），坐标文件（后缀是rst）以及sander的控制文件。Top文件依然是leap产生的；rst文件是由最后一次能量优化的结果；另一个就是控制文件（后缀是.in），这是一个需要用户自己编写的文件。

配置文件md1.in
gna：20ps MD with res on protein
&cntrl
imin = 0,
irest = 0，第一次开始分子模拟需要设置为0，之后重新开始的话，设置该值为1。
ntx = 1，选择怎样的方式读入初始的速度，盒子，坐标，每个值的具体含义看手册，能量优化之后第一次读取坐标文件需要设置该值为1~2，之后的话则需要设置在4~7。

ntb = 1，NTB 时用来描述体积的，1 表示恒定的体积

cut = 10，截断值

ntr = 1，ntr = 1，表示限制一些原子，ntr = 0，表示不限制

ntc = 2，　　 SHAKE 算法的选项

ntf = 2，用于设置 SHAKE 运算情况的一个参数

tempi = 100.0，

temp0 = 300.0，

ntt = 3，AMBER9 的使用手册上建议使用 ntt = 3，ntt = 1 的话可能会出现一些问题。

gamma_ ln = 1.0，碰撞频率

nstlim = 20000，dt = 0.002，

ntpr = 100，ntwx = 500，ntwr = 1000 输出频率的控制建议设置成相同的值

/

Keep protein fixed with weak restraints

10.0

RES 1　111　　 表示限制 1～111 位的残基

END

END

上述参数解释如下：

ntb = 1：表示分子动力学过程保持体积固定；ntb = 2 表示恒定的压力。

imin = 0：表示模拟过程为分子动力学，不是能量最优化。

nstlim = #：# 表示计算的步数。

dt = 0.002：表示步长，单位为 ps，0.002 表示 2fs。这个值是最常用的。

temp0 = 300：表示最后系统到达并保持的温度，单位为 K。

tempi = 100：系统开始时的温度。

gamma_ ln = 1：表示当 ntt = 3 时的碰撞频率，单位为 ps – 1（请参考 AMBER 手册）

ntt = 3：温度转变控制，3 表示使用兰格氏动力学。

tautp = 0.1：热浴时间常数，缺省为 1.0。小的时间常数可以得到较好的耦联。

vlimit = 20.0：保持分子动力学稳定性速度极限。20.0 为缺省值，当动力学模拟中原子速度大于极限值时，程序将其速度降低到极限值以下。

comp = 44.6：溶剂可压缩单位。

ntc = 2：Shake 算法使用标志位。1 表示不实用使用，2 表示氢键将被计算，3 表示所有键都将被计算在内。

Ntwx　　 每多少步输出一次坐标

Ntpr　　 每多少步向 out 文件输出一次能量信息。

Ntwr　　 每多少步输出一次 restart 信息

建议将这些参数设置成相同的值，这样在后面的结果分析中可以避免一些因对这三个

参数理解不透彻而产生的问题。如果模拟在 2 000ps 左右的话，将 Ntwx、Ntpr、Ntwr 设置成 1 000 很合适。如果模拟的时间更长的话，可以将这个值设置得更大一些。

我们将使用一个较小的作用力，10kcal/mol。在分子动力学中，当 ntr = 1 时，作用力只需要 5~10kcal/mol（我们需要引用一个坐标文件做分子动力学过程的比较，我们需要使用"-ref"参数）。太大的作用力同时使用 Shake 算法和 2fs 步长将使整个系统变得不稳定，因为大的作用力使系统中的原子产生大频率的振动，模拟过程并不需要。

运行命令如下：

sander-O-i md1. in-o md1. out-pgna. top-c gna_ min3. rst-r gna_ md1. rst-x gna_ md1. mdcrd-ref gna_ min3. rst-inf md1. info-v mdvel-e meden

和能量优化不同的是多一个 -x 输出项和一个 -inf 项。-x 后面是一个轨迹文件。-inf 后面的文件是记录一些能量等信息。并不需要关心升温过程中的轨迹。在后面分析结果的时候不考虑这个升温等平衡过程。接下来就可以进行最后的也是最核心的动力学模拟了

```
gna：250ps MD
&cntrl
imin = 0, irest = 1, ntx = 7,
ntb = 2, pres0 = 1.0, ntp = 1,
taup = 2.0，压力缓解时间，单位为 ps
cut = 10, ntr = 0,
ntc = 2, ntf = 2,
tempi = 300.0, temp0 = 300.0,
ntt = 3, gamma_ ln = 1.0,
nstlim = 1 000 000, dt = 0.002,
ntpr = 100, ntwx = 500, ntwr = 1 000
/
```

上面一些参数解释如下：

ntb = 2：表示分子动力学过程的压力常数。
ntp = 1：表示系统动力学过程各向同性。
taup = 2.0：压力缓解时间，单位为 ps。
pres = 1：引用 1 个单位的压强。
使用以下命令进行 MD：

sander-O-i md2. in-o md2. out-pgna. top-c gna_ md1. rst-r gna_ md2. rst-x gna_ md2. mdcrd-ref gna_ md1. rst-inf md2. info

到此，模拟全部完成，接下来要对得到的数据进行分析。数据分析根据研究目的不同而不同，我们将在后文中进行一些简单的分析。如果觉得这次动力学模拟的时间不够长的话，还可以接着这里的 gna_md2.rst 继续向下进行。可以通过看结果文件中的 nstep 和 time 来看看计算到了什么位置。

七、VMD 的使用

VMD（Visual molecular dynamics）是分子可视化程序，非常适合于 AMBER 搭配使用。

（1）file-New molecular 打开一个窗口。

（2）在 Browser 中选择要打开的 pdb 文件，点击 load，pdb 格式的文件就会显示在窗口中了。键盘上的 r、t、s 三个键分别代表可以使得鼠标一旋转，拖动，或者是缩放三种功能间转变。

（3）改变显示类型：

Graphics-Representations 打开一个窗口，下面的 Drawstyle 中有各种选项。
Coloring method 选择 Structure
drawing method 选择 NewCartoon

（4）颜色，这一部分包括背景颜色以及其他各个种类的显示颜色。在 categories 中选择 display，在 name 中选择 background，然后再在颜色中选择一种颜色就可以了。其他颜色的改变类似。

Graphics-color

（5）图片导出：

File-Render

在 Render using 中选择 Tachyon Browser 中选择保存的位置，注意不能保存在桌面和我的文档，可能是因为这两个路径中有中文名字。保存在其他盘的根目录或者英文名字的文件夹就可以了。不过图的质量不是很高！VMD 做影片是需要一个叫做 videomach 的软件。这个软件的功能是将一系列的图片合并成一个影片。当 VMD 提示找不到 videomach.exe 的时候，点击确定，然后找到 videomach 的安装目录，选择 videomach.exe 就可以了。

（1）导入 AMBER 的 top 文件和 mdcrd 文件。File-New molecular 在 determine file type 选项中选择，AMBER Parm 7，然后在 File name 后面的 Browse 中选择 top 文件所在的目录，打开 top 文件。然后将 determine file type 的选项换成 AMBER Coordinates with predict box，打开 mdcrd 文件，如果有多个 mdcrd 文件的话，依次打开就可以了，选择这种类型的话，可以达到和原来的结构图显示相同的效果。

（2）选择影片分子的表现方式。Graphics-Repres 打开一个窗口。点击 Rreate—Rep 复制一个当前的图层。在 selection 面板中进行选择。在一个图层上选择显示 sugar，并在后面写上 VMA 或者是 1MA，在另外一个图层上选择 protein。在 DrawStyle 面板中选择显示方式。在 VMD 的主窗口菜单中选择 Extensions-Visualivation-Movie maker

八、观看并保存图像的步骤

（1）打开 VMD 程序的界面，在 Windows 的环境下一共会打开三个窗口，一个是 DOS 界面，另一个是显示图形的界面，还有一个是控制窗口。

（2）在控制窗口中选择 File-New molecular，这时会打开一个对话框，在 File name 中点击 Browse，然后选择将要查看的 pdb 结构文件。然后再选择 load，这时就可以在图形界面看到分子结构图了。

（3）调整观看模式。在控制窗口中选择 Graphics-Representations 打开一个对话框。在 coloring method 中选择颜色方式如：structure。在 Drawing method 中选择一种显示模拟如：NewRibbons，这时就应该可以在显示窗口看到效果了，就是我们常见的那种。背景变成白色：Graphics-Colors 在 color definitions 中选择 black，之后拖动后面的红绿蓝滑动条，将它们的值都拖动到 1，这时候在图形窗口的背景就是白色了。

（4）保存成图片。File-render 打开一个对话框，在 render using 中选择 Tachyon，在 File name 中选择保存的名字以及保存的路径，注意，好像要保存在桌面会有些问题，可能是桌面的路径中包含了中文，因此建议直接保存在某个盘符下。点击对话框下面的 start Rendering 开始保存。

（5）到保存的位置去看图片。

九、RMS 计算

（1）载入第一个要计算的结构。

（2）载入实验测定的结构（要确认你选择了 New Molecule）。这个时候两个分子是分离的，这是因为它们的坐标原点不同。为了比较这两个结构，我们需要它们的 RMSD 匹配，而且要叠合他们。所幸 VMD 就带有一个工具可以很轻松地搞定，点击 Extensions→Analysis→RMSD Calculator 完成这个操作。

（3）下面我们进行叠合，我们只考虑主链，所以保证你点选了主链选项，然后键入 residue 2 to 18 选择 3~19 的残基（VMD 计算残基是从 0 开始的）。然后点击 Align 按钮将两个结构叠合然后点击 RMSD 按钮来测量两个结构之间的 rmsd 值。

（4）Graphics-Representations 打开图像显示的对话框，在最上面的 selected molecule 中选择要设置的分子，然后选择 coloring method 和 Drawing method。使得两个分子的显示模式不同，然后将其保存成图像以备论文中使用。

十、结果数据处理

AMBER 分子动力学模拟最后的结果是生成一个轨迹文件,几乎所有的数据都要从这个轨迹文件中获取,可以通过编写 perl 脚本程序完成这些数据提取工作,之后再通过 R 等统计分析软件绘图(图 3-21 至图 3-23)。

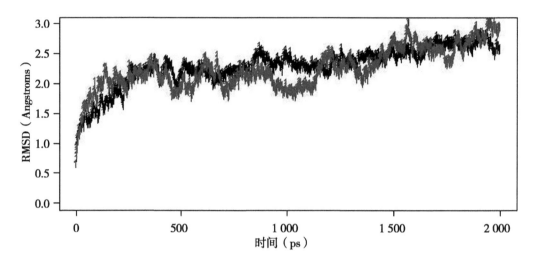

图 3-21 结构偏差波动

图中,横坐标表示时间,纵坐标表示结构偏差,因此,从这个结构中可以看出,随着时间的推移,分子结构变化是否剧烈

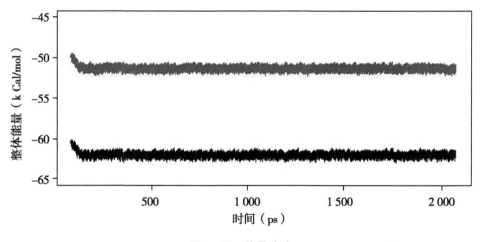

图 3-22 能量波动

图中,横坐标表示时间,纵坐标表示分子的能量,图中表示的是在两种不同的状态下,分子具备的能量大小,由于能量越低越稳定,因此,可以看出下面一条线表示的分子更稳定

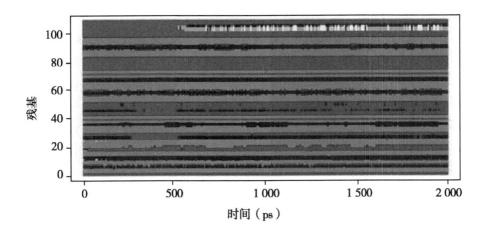

图 3 - 23 二级结构波动

图中横坐标表示时间,纵坐标表示蛋白质残基位点,不同的颜色表示不同的二级结构状态。从图中可以看出,被模拟蛋白质中哪些稳点的结构波动较大,一般这些波动较大的位点可能就是蛋白质的活性位点

参考文献

[1] 赵晓宇.药物分子对接的优化模型与算法[D].大连:大连理工大学,2008.

[2] 郑彦,吕莉.计算机辅助药物设计在药物合成中的应用[J].齐鲁药事,2008(10):614-616.

[3] 李贞双,李超林.计算机辅助药物设计在新药研究中的应用[J].电脑知识与技术,2009(31):8812-8813.

[4] 薛峤.分子动力学模拟在生物大分子体系中的应用[D].长春:吉林大学,2014.

[5] 李春艳,刘华,刘波涛.分子动力学模拟基本原理及研究进展[J].广州化工,2011(4):11-13.

[6] 杨萍,孙益民.分子动力学模拟方法及其应用[J].安徽师范大学学报(自然科学版),2009(1):51-54.

[7] 文玉华,朱如曾,周富信,等.分子动力学模拟的主要技术[J].力学进展,2003(1):65-73.

[8] 靳利霞.蛋白质结构预测方法研究[D].大连:大连理工大学,2002.

[9] 靳利霞,唐焕文.蛋白质结构预测方法简述[J].自然杂志,2001(4):217-221.

[10] 殷志祥.蛋白质结构预测方法的研究进展[J].计算机工程与应用,2004(20):54-57.

[11] 林亚静,刘志杰,龚为民.蛋白质结构研究[J].生命科学,2007(3):289-293.

[12] 李文钊.蛋白质结构和动力学的分子动力学模拟[D].长春:吉林大学,2013.

[13] 孙卫涛.蛋白质结构动力学研究进展[J].力学进展,2009(2):129-153.

[14] 宁正元,林世强.蛋白质结构的预测及其应用[J].福建农业大学学报,2006(3):308-313.

[15] Humphrey W, Dalke A, Schulten K. VMD: visual molecular dynamics [J]. J Mol Graph, 1996, 14 (1): 33 – 38, 27 – 38.

[16] Morris G M, Huey R, Olson A J. Using AutoDock for ligand-receptor docking [J]. Curr Protoc Bioinformatics, 2008, Chapter 8 Unit 8 14.

[17] Kaplan W, Littlejohn T G. Swiss-PDB Viewer (Deep View) [J]. Brief Bioinform, 2001, 2 (2): 195 – 197.

[18] Schwede T, Kopp J, Guex N, et al. SWISS-MODEL: An automated protein homology-modeling server [J]. Nucleic Acids Res, 2003, 31 (13): 3 381 – 3 385.

[19] Arnold K, Bordoli L, Kopp J, et al. The SWISS-MODEL workspace: a web-based environment for protein structure homology modelling [J]. Bioinformatics, 2006, 22 (2): 195 – 201.

[20] Kopp J, Schwede T. The SWISS-MODEL Repository of annotated three-dimensional protein structure homology models [J]. Nucleic Acids Res, 2004, 32: D230 – 234.

[21] Guex N, Peitsch M C. SWISS-MODEL and the Swiss-PdbViewer: an environment for comparative protein modeling [J]. Electrophoresis, 1997, 18 (15): 2 714 – 2 723.

[22] Combelles C, Gracy J, Heitz A, et al. Structure and folding of disulfide-rich miniproteins: insights from molecular dynamics simulations and MM-PBSA free energy calculations [J]. Proteins, 2008, 73 (1): 87 – 103.

[23] Geourjon C, Deleage G. SOPMA: significant improvements in protein secondary structure prediction by consensus prediction from multiple alignments [J]. Comput Appl Biosci, 1995, 11 (6): 681 – 684.

[24] Kirschner K N, Woods R J. Solvent interactions determine carbohydrate conformation [J]. Proc Natl Acad Sci U S A, 2001, 98 (19): 10 541 – 10 545.

[25] Touw W G, Baakman C, Black J, et al. A series of PDB-related databanks for everyday needs [J]. Nucleic Acids Res, 2015, 43: 364 – 368.

[26] Hill A D, Reilly P J. Scoring functions for AutoDock [J]. Methods Mol Biol, 2015, 1273 467 – 474.

[27] Goodsell D S. Representing structural information with RasMol [J]. Curr Protoc Bioinformatics, 2005, Chapter 5 Unit 5 4.

[28] Sayle R A, Milner-White E J. RASMOL: biomolecular graphics for all [J]. Trends Biochem Sci, 1995, 20 (9): 374.

[29] Bordoli L, Kiefer F, Arnold K, et al. Protein structure homology modeling using SWISS-MODEL workspace [J]. Nat Protoc, 2009, 4 (1): 1 – 13.

[30] Kirchmair J, Markt P, Distinto S, et al. The Protein Data Bank (PDB), its related services and software tools as key components for in silico guided drug discovery [J]. J Med Chem, 2008, 51 (22): 7021 – 7040.

[31] Pollastri G, Mclysaght A. Porter: a new, accurate server for protein secondary structure prediction [J]. Bioinformatics, 2005, 21 (8): 1 719 – 1 720.

[32] Wozniak T, Adamiak R W. Personalization of structural PDB files [J]. Acta Biochim Pol, 2013, 60 (4): 591 – 593.

[33] Westbrook J D, Fitzgerald P M. The PDB format, mmCIF, and other data formats [J]. Methods Biochem Anal, 2003, 44 161 – 179.

[34] Wang Y, Sunderraman R. PDB data curation [J]. Conf Proc IEEE Eng Med Biol Soc, 2006, 1:

4221-4224.

[35] Yilmaz E M, Guntert P. NMR structure calculation for all small molecule ligands and non-standard residues from the PDB Chemical Component Dictionary [J]. J Biomol NMR, 2015, 63 (1): 21-37.

[36] Liu Z, Zhang Y. Molecular dynamics simulations and MM-PBSA calculations of the lectin from snowdrop (Galanthus nivalis) [J]. J Mol Model, 2009, 15 (12): 1 501-1 507.

[37] Larini L, Mannella R, Leporini D. Langevin stabilization of molecular-dynamics simulations of polymers by means of quasisymplectic algorithms [J]. J Chem Phys, 2007, 126 (10): 104 101.

[38] Van Der spoel D, Lindahl E, Hess B, et al. GROMACS: fast, flexible, and free [J]. J Comput Chem, 2005, 26 (16): 1 701-1 718.

[39] Pronk S, Pall S, Schulz R, et al. GROMACS 4.5: a high-throughput and highly parallel open source molecular simulation toolkit [J]. Bioinformatics, 2013, 29 (7): 845-854.

[40] Aragones J L, Noya E G, Valeriani C, et al. Free energy calculations for molecular solids using GROMACS [J]. J Chem Phys, 2013, 139 (3): 034 104.

[41] Bau D, Martin A J, Mooney C, et al. Distill: a suite of web servers for the prediction of one-, two-and three-dimensional structural features of proteins [J]. BMC Bioinformatics, 2006, 7: 402.

[42] Forli S, Huey R, Pique M E, et al. Computational protein-ligand docking and virtual drug screening with the AutoDock suite [J]. Nat Protoc, 2016, 11 (5): 905-919.

[43] Negri M, Recanatini M, Hartmann R W. Computational investigation of the binding mode of bis (hydroxylphenyl) arenes in 17beta-HSD1: molecular dynamics simulations, MM-PBSA free energy calculations, and molecular electrostatic potential maps [J]. J Comput Aided Mol Des, 2011, 25 (9): 795-811.

[44] Goodsell D S. Computational docking of biomolecular complexes with AutoDock [J]. Cold Spring Harb Protoc, 2009, 2009 (5): pdb prot 5 200.

[45] Adeniyi A A, Ajibade P A. Comparing the suitability of autodock, gold and glide for the docking and predicting the possible targets of Ru (II) -based complexes as anticancer agents [J]. Molecules, 2013, 18 (4): 3 760-3 778.

[46] Kollman P A, Massova I, Reyes C, et al. Calculating structures and free energies of complex molecules: combining molecular mechanics and continuum models [J]. Acc Chem Res, 2000, 33 (12): 889-897.

[47] Treesuwan W, Hannongbua S. Bridge water mediates nevirapine binding to wild type and Y181C HIV-1 reverse transcriptase——evidence from molecular dynamics simulations and MM-PBSA calculations [J]. J Mol Graph Model, 2009, 27 (8): 921-929.

[48] Lu H, Huang X, Abdulhameed M D, et al. Binding free energies for nicotine analogs inhibiting cytochrome P450 2A6 by a combined use of molecular dynamics simulations and QM/MM-PBSA calculations [J]. Bioorg Med Chem, 2014, 22 (7): 2 149-2 156.

[49] Hou T, Wang J, Li Y, et al. Assessing the performance of the MM/PBSA and MM/GBSA methods. 1. The accuracy of binding free energy calculations based on molecular dynamics simulations [J]. J Chem Inf Model, 2011, 51 (1): 69-82.

[50] Case D A, Cheatham T E, 3rd, Darden T, et al. The Amber biomolecular simulation programs [J]. J Comput Chem, 2005, 26 (16): 1 668-1 688.

第四章 转座子的生物信息学分析

自1940年从玉米中发现转座子以来，现在已确认转座子普遍存在于真核物种的基因组中。植物基因组中有成千上万的转座子家族，它们甚至可以占到基因组序列的80%以上，动物和真菌基因组的转座子虽然没有植物多，但也占有很大的比例（3%~45%）。随着真核物种基因组数据的不断增多，通过比较不同物种，尤其是近缘物种转座子的差异，将可以使人们更深刻地认识基因组所蕴含的信息，而要实现比较分析，就需要对不同物种的转座子有统一的分类方法和命名原则。

最初，转座子依据其复制方式分为两类：第一类需要RNA分子介导，以"复制-粘贴"的方式进行转座；第二类不需要RNA分子介导，以"剪切-粘贴"的方式进行转座。而MITE（Miniature Inverted repeat Transposable Elements）类转座子的发现，打破了这个分类系统，因为该类转座子不需要RNA介导，但却以"复制-粘贴"的方式转座。进行等级划分是分类学遵循的一个基础原理，它非常方便人们的理解，生物学的物种分类也利用了这一方法。2007年Wicker依据转座子的转座机制、结构和序列相似性将转座子分成了不同的等级，并详细描述了各级别和类别的分类依据，这一分类原则很大程度上简化了转座子的分析和注释，本文将对该方法进行详细叙述。

生物信息学已成为大规模分析转座子的主要方法。BioPerl和Biopython等计算机语言模块和多种生物信息学程序为转座子的分析奠定了坚实的基础。从基因组中挖掘转座子序列是其他分析的前提，已有不同的算法和多种软件可以完成这一任务，如：RepatMasker等。在获得转座子序列后，还需要对这些序列进行归类、比较、构建数据库、数量动力学分析和进化分析等一系列计算工作，完成这些生物信息学分析对深入认识物种基因组所蕴含的信息有重要意义。

第一节 转座子的分类

一、分类级别

转座子可分为三个大的层次：1. 纲\亚纲（Class\Subclass）；2. 目（Order）；3. 超科\科\亚科，也称为超家族\家族\亚家族（Superfamily\Family\Subfamily）。纲的分类主要是依据转座子的复制方式，需要RNA介导，归为Class Ⅰ；不需要RNA介导则归为Class Ⅱ。目的分类依据转座子编码的酶、整体结构及插入机制。相同目的不同超家族有不同的结构形式，包括编码区和非编码区结构。此外，不同超家族的转座子插入时产生的重复序列（即 TSD 结构：Target Site Duplication）存在差异。同一超家族中，依据序列相似性进一步分成不同的家族，这种序列相似性既可以是 DNA 序列，也可以是蛋白序列。亚家族依据进化数据区分。转座子最小的分类层次是"插入（Insertion）"，对应转座子的一次转座或复制，也对应基因组的一个注释。基因组中存在大量转座子拷贝，这些拷贝一般可以归为几百甚至上千个不同的家族，十几个左右的目。

由于一组转座子的序列相似性可能是连续的，因此，严格区分转座子家族可能会遇到一些问题。80 - 80 - 80 规则是目前家族归类使用较多的一个标准：如果同一超家族中两个转座子 DNA 序列 80% 的编码区、或 80% 的内部结构域，或 80% 的末端重复序列的序列相似性在 80% 以上，那么可以将它们归到同一家族（建议序列长度在 80bp 以上）。将序列相似性阈值定为 80%，是因为该值可以在 BlastN 默认参数的条件下找到明确的结果。80 - 80 - 80 规则也解决了转座子碎片的分类问题，因为在一些情况下，只有末端重复序列和一些非编码区域存在，而另一些情况则只有编码区，而缺少末端重复序列。

Class I

Class I 类转座子首先由基因组转录出 RNA，再经其自身编码的反转录酶催化反转录成 DNA，DNA 插入到基因组完成一次复制循环，添加一份拷贝，造成基因组的扩增。Class I 没有亚纲，主要分为五个目（图 4 - 1）：LTR（Long Terminal Repeat）反转录转座子、SINE 短散在重复序列（Short Interspersed Nuclear Elements）、LINE 长散在重复序列（Long Interspersed Nuclear Elements）、DIRS（Dictyostelium Intermediate Repeat Sequence）和 PLE（Penelope-Like Elements）。

LTR 反转录转座子在植物基因组中却占有主导地位。典型的全长 LTR 反转录转座子最显著的特征是其 5′和 3′端有一对长末端重复序列，长度从几百 bp 至 5kb 不等，这也是该类反转录转座子命名的依据。LTR 反转录转座子以 5′- TG - 3′开始，5′- CA - 3′结束，TSD 结构约 4~6bp，编码类似病毒颗粒的结构蛋白 GAG、天冬氨酸蛋白酶（Aspartic Proteinase，AP）、反转录酶（Reverse Transcriptase，RT）、RNase H（RH）和整合酶（Integrase，INT）。LTR 反转录转座子的两个主要超家族是 Gypsy 和 Copia，它们的主要区别在于 RT 和 INT 的顺序不同。像玉米、小麦这样具有较大基因组的物种可能会有上千个 LTR 反转录转座子家族，然而却只有少数家族是造成基因组庞大的原因，如：小麦中的 Angela，大麦中的 BARE1，玉米中的 Opie，高粱中的 Retrosor6。人类基因组中也有 LTR 反转录转座子家族，但它们已经不具有活性，并且数量也不是很大。LTR 反转录转座子与逆转录病毒有很近的亲缘关系，逆转录病毒可能是由 Gypsy 在获得外壳蛋白和一系列调控蛋白之后演化而来的；逆转录病毒失去细胞外活动能力之后也可能会变成转座子，它们不再具有感染能力，只能随着遗传信息的垂直传递而存在。超家族 BEL-Pao 具有 LTR 反转录转座子的蛋白编码序列，并且有 4~6bp TSD，然而其 RT 与 Gypsy 或 Copia 形成不同的进化树分枝。

LINE 长度可达几千 bp，在真核物种中普遍存在。很多动物基因组中的 LINE 代替了植物基因组中的 LTR 反转录转座子的主导地位。LINE 可分为五个主要的超家族：R2、L1、RTE、I 和 Jockey，每个超家族又可分成很多家族。LINE 至少编码 RT 与核酸酶，超家族 I 包含 RNaseH。LINE 的 3′末端，有一段富含 A 的区域。

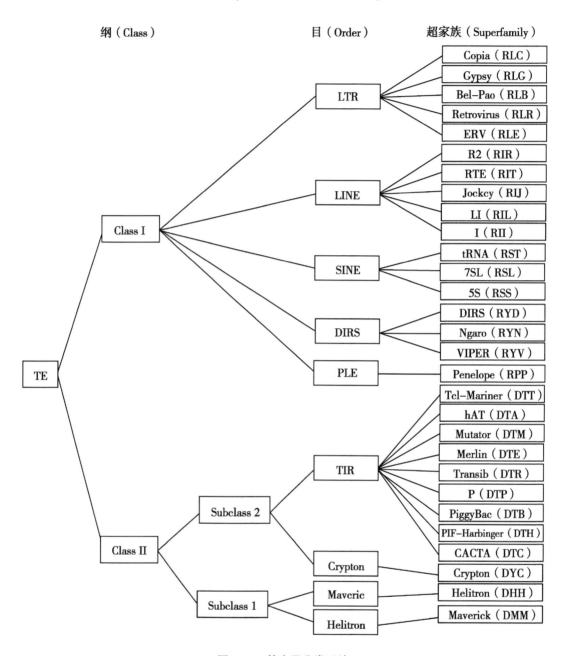

图 4-1 转座子分类系统

SINE 长度在 80~500bp 范围内，包含一个 5~15bp 的 TSD 结构，头部包含聚合酶Ⅲ的启动子，3′末端富含 A 或 AT，包含 3~5bp 串联重复或 poly（T）。最著名的 SINE 是 Alu，在人类基因组中有 500 000 多个复制。

DIRS 转座子序列用赖氨酸重组酶基因取代了 INT，不形成 TSD，具有 RT，在很多物种（绿藻、动物、真菌）中都有存在。

PLE 首先在果蝇中发现，随后在 50 多个物种中发现，包括单细胞动物、真菌、植物。PLE 编码的 RT 更接近于端粒酶，两个末端具有正向或反向重复序列。

Class Ⅱ

Class Ⅱ 与 Class Ⅰ 在真核生物中都普遍存在，但 Class Ⅱ 的数量没有 Class Ⅰ 多。原核物种中 Class Ⅱ 转座子也以插入序列（Insertion Sequences，IS）或复杂结构一部分的形式存在。依据 DNA 是否剪切可以将 Class Ⅱ 分成两个亚纲（Subclass）。

Subclass 1 以"剪切-粘贴"的形式转座，分为 TIR（Terminal Inverted Repeats）转座子和 Crypton 转座子两个目。TIR 目具有长度可变的末端反向重复序列，依据末端重复序列和 TSD 的差异分成九个超家族。TIR 目转座子的增殖方式有两种：①在染色体复制过程中，从已复制位置转移到未复制位置；②填补剪切位点的空缺。Crypton 目转座子只在真菌中发现，包含一个酪氨酸重组酶编码区。

Subclass 2 以"复制-粘贴"的形式转座，转座过程不涉及 DNA 双链的断裂。包含 Helitron 和 Maverick 两个目。Helitron 目通过滚环方式复制，复制过程中一条链被剪切，不产生 TSD，包含两个编码区，尾部是 TC 或 CTRR（R 表示嘌呤），3′末端形成发夹结构。玉米中的 Helitron 类转座子经常携带宿主的基因片段。Helitron 目转座子在植物、动物和真菌中都有分布。Maverick（又名 Polintons）目，长度可达 10~20kb，两端有较长的反向重复序列，最多可编码 11 个蛋白质，但编码区的数量和顺序都不保守。目前，Maverick 在除植物之外的其他真核物种中有零星发现。

二、自主与非自主转座子

依据转座子自身序列是否编码转座所需要的酶，可以划分为自主与非自主转座子。包含转座必需酶序列的转座子，不管其序列是否具有活性，都可以认为该转座子是自主转座子。在自主转座子家族中，一些成员由于突变、小序列片段的缺失或插入会导致局部的缺陷，但这种有缺陷的转座子不仅保留了大部分编码区，也与本家族其他成员有足够的序列相似性。与有缺陷的自主转座子相比，非自主转座子则缺失部分或全部编码区。很多情况下，非自主转座子是由相应的自主转座子通过删减衍生而来的，它们在序列相似性和末端结构上具有一定的保守性。非自主转座子需要由相应的自主转座子协助其完成转座过程，一般情况下，它们属于同一个家族，如果非自主转座子数量多，且彼此间序列相似性也较高，则可以将它们归为一个亚家族。也有一些非自主转座子对应两个不同的自主转座子家族，这种情况需要作为个例分析。MITE（Miniature Inverted repeat Transposable Element）是一类非自主转座子，不能编码转座酶，具有末端反向重复序列 TIR 和靶位点重复 TSD，并能形成稳定的发夹式二级结构。它倾向于插入到基因的内含子区或基因的 5′和 3′末端，但很少插入到基因编码区。MITE 包括 Tourist 和 Stowaway 两种类型，通过各自相应的自主转座元件编码的反转录酶识别 TIR 序列完成自身转座。Tourist 类 MITE 由 PIF/Harbinger 转座元件协助转座，而 Stowaway 类 MITE 则由 Tc1/marine 转座元件协助转座。

三、转座子的命名

Wicker 提出一个命名纲要以规范转座子家族和转座子插入的命名。转座子家族的名字可以由字母和数字组成，但不要包含下划线和连字符，这是为了避免与转座子插入命名的冲突。名字最好不超过 6 个音节，以方便发音。由于不同的物种中可能会发现相同的转座子家族，因此，转座子家族的名字中应该避免物种相关的名字。

不断提高的基因组测序技术要求对基因组中的每一个转座子插入实现自动且精确的命名。Wicker 提出的转座子插入命名公式为："三字母符号_ 家族名_ 数据库 ID – 流水号"。三字母符号中的三个字母分别表示该复制所属的纲，目和超家族（图 1 中已标注）；家族名是该插入所属的家族，可参考上述命名方法；数据库 ID 为该插入的来源序列 ID；流水号是发现的先后次序，流水号不必一定是线性排列的数字，能反应注释的顺序即可。如果某级层不确定，可用 X 代替。例如：从数据库 ID 为 AA123456 的序列中挖掘到的第一个转座子（Class Ⅰ 纲，LTR 目，Copia 超家族，Angela 家族），应命名为 RLC_ Angela_ AA123456 – 1；从数据库 ID 为 BB123456 的序列中挖掘到的第三个转座子（Class Ⅱ 纲，TIR 目，CACTA 超家族，Caspar 家族），应命名为 DTC_ Caspar_ BB123456 – 3，其中，最前面的 D 和 R 应该分别表示 DNA 和 RNA，即 Class Ⅰ 和 Class Ⅱ 转座的介导分子类型。该命名系统已在多物种中应用。

四、转座子的生物信息学分析

转座子具有特定的结构特征并且数量巨大，这使得它们非常适合通过生物信息学方法进行分析。转座子的序列挖掘是基因组测序完成初期的重要工作之一，是一个巨大的挑战，目前已有多篇综述对相关程序进行了详细介绍。而在获取转座子序列之后，仍然有很多的分析工作需要完成，其中将转座子进行归类是其他各项分析工作的基础，TEclassifier、TEclass、REPCLASS 等工具可以协助完成这一任务。

一个转座子家族往往包含很多序列，这些序列的相似性很高，因此，可以从转座子家族中筛选完整且与家族内其他成员相似性都很高的一条序列作为本家族的代表，这就很大程度上简化了转座子的分析。将该代表序列与其家族相关的信息一起保存到数据库中，并搭建网络服务器发布，便构建成了某物种自己的转座子数据库。目前已有多个公开的转座子数据库，如：RetrOryza、SoyTEdb 和 GyDB 等。Repbase 是最著名的重复序列数据库，对转座子进行了系统的归类和命名，每月报告新的收录情况，是依据序列相似性挖掘转座子的参考数据。

转座子在基因组中不断复制自己，造成基因组持续扩增，然而，基因组并不会无限增大，有多种机制抑制转座子的扩增，如：甲基化、重组、转座子之间的嵌套等。因此，基因组中的转座子在进化中是一个动态的过程，不断扩张，不断丢失，基因组中能够发现的转座子一般都是在近期插入到基因组中的，如：水稻中的 LTR 反转录转座子年龄一般都小于 800 万年，其半衰期不超过 600 万年。已经有很多的数学模型揭示转座子在宿主基因组中的动力学特征，然而，影响转座子动力学特征的因素很多，而我们对这些因素的认识才刚刚起步。TESD（Transposable Element Simulator Dynamics）是一个模拟转座子在基因组中数量的工具，输入影响转座子的参数之后，该程序可以分析转座子的数量发展趋势并以图形的方式展示结果。

进化过程中，转座子通过在基因组上复制和移动，不仅使其数量和位置可以在短期内发生变化，也对基因组产生突变和基因组大小起着重要作用。然而对转座子的研究，还存在着很多没有解决的问题，如：起源、特性、功能和应用。目前对转座子的起源还没有定论，也不清楚同一个转座子家族中的不同复制是如何发生突变的；虽然已经认识到转座子具有复制和插入的特性，但并不清楚决定其插入的因素；转座子可以影响基因组的结构和功能，然而，还不确定它们是否还具有非遗传的功能；对转座子的研究最终要实现其应用，将转座子作为遗传学工具对基因组、生物多样性、进化等进行深入的分析。Wicker 提出的转座子归类和命名纲领以及大量的生物信息学工具将促进转座子的进一步研究。尽管还有很多工作需要做，我们相信在不远的将来，转座子的研究将取得更大的成就。

五、重复序列挖掘工具

重复序列的鉴定的方法主要可以分为：依据已知重复序列数据库；依据重复序列的特定结构特征从头预测；依据转座子在基因组中重复多次的特征。这三种方法各有自己的优点和缺陷，依据已知序列可以得到相对比较准确的结果，能对所有种类的重复序列进行鉴定，但不能发现基因组中新的重复序列，此方法最经典最流行的软件是 RepeatMasker；依据结构特征可以挖掘到基因组中特异的重复序列，但找到的结果在基因组重复次数太少，因此准确性偏低，而且每一类转座子都需要使用不同的软件才可以，较早通过结构特征鉴定 LTR 工具是 LTR_STRUC，该工具在 Windows 操作系统上运行，敏感性很高，但是鉴定率较低；而同样依据结构特征的挖掘工具 LTRharvest 的鉴定率则高很多；依据在基因组的重复可以得到大量的结果，但是不能确定这些重复序列的分类，并且找到的结果比较短。除了上述三种方法外，还有一些工具整合了多种方法进行预测，比较具有代表性的是 RepeatModeler（表 4-1）。

表 4-1 重复序列挖掘工具

类别	软件名称	网址
依据转座子的结构特征	LTR_STRUC	http：//www.mcdonaldlab.biology.gatech.edu/finalLTR.htm
	RetroTector	http：//www.kvir.uu.se/RetroTector/RetroTectorProject.html
	LTR_FINDER	http：//tlife.fudan.edu.cn/ltr_finder
	LTRharvest	http：//www.zbh.uni-hamburg.de/LTRharvest/index.php
	LTR_par	http：//www.eecs.wsu.edu/Bananth/software.htm
	find_ltr	http：//darwin.informatics.indiana.edu/cgi-bin/evolution/ltr.pl
	HELITRONfinder	http：//limei.montclair.edu/HT.html
依据已知重复序列	RepeatMasker	http：//www.repeatmasker.org

（续表）

类别	软件名称	网址
依据部分结构	RTAnalyzer	http：//www. riboclub. org/cgi-bin/RTAnalyzer/index. pl
	TSDfinder	http：//www. ncbi. nlm. nih. gov/CBBresearch/Landsman/TSDfinder/
	FINDMITE	http：//jaketu. biochem. vt. edu/dl_ software. htm
	Uncovering SysTem	http：//csbl1. bmb. uga. edu/ffzhou/MUST
	TRANSPO	http：//alggen. lsi. upc. es/recerca/search/transpo/transpo. html
	HelitronFinder	http：//limei. montclair. edu/HF. html
依据在基因组中重复的特征	RECON	http：//selab. janelia. org/recon. html
	PILER	http：//www. drive5. com/piler
	BLASTER suite	http：//urgi. versailles. inra. fr/development/blaster
综合多种工具	RepeatModeler	http：//www. repeatmasker. org/RepeatModeler. html
	RepeatRunner	http：//www. yandell-lab. org/software/repeatrunner. html
	REannotate	http：//www. bioinformatics. org/reannotate/index. html
	ReRep	http：//bioinfo. pdtis. fiocruz. br/ReRep
	RetroPred	http：//www. juit. ac. in/assets/RetroPred/home. html
重复序列分类	REPCLASS	http：//www3. uta. edu/faculty/cedric/repclass. htm
	TEclass	http：//www. compgen. uni-muenster. de/teclass

第二节　RepeatMasker 和 RepeatModeler

　　RepeatMasker（http：//www. repeatmasker. org）通过将数据库（Repbase 或自己构建的数据库）中已知的重复序列与输入的基因组序列比对来搜素重复序列，是一款广泛应用于重复序列挖掘、分类和 mask repetitive elements，包括低复杂度序列和散布重复序列。RepeatMasker 的运行需要依赖 rmblast、trf 等工具，因此安装前还需要安装其他程序。
　　由于不同的物种重复序列差异很大，因此对于新测序的基因组来说，都需要构建物种特异的重复序列数据库才能够更好地注释其中的重复序列，RepeatModeler 就是构建 RepeatMasker 所需库的工具，其结果直接符合 RepeatMasker 的格式要求，而且是非冗余的，因此可以说是 RepeatMasker 的黄金搭档。RepeatMasker 与 RepeatModeler 均运行在 Linux 平台上，其安装过程基本可以分成两个步骤：
　　（1）依赖程序的准备。
　　（2）通过 perl 进行编译。

一、RepeatMasker 的安装

该程序在安装前需要安装其他程序：
(1) Perl，一般的 Linux 系统会自带，运行一下 perl-v 测试一下版本。
(2) 解压 RepeatMasker，但不安装，准备工作做好之后再安装。

tar-xvf RepeatMasker

安装 Repbase 数据库，Repbase 数据库需要通过一个非商业的邮箱申请，Dfam 数据库则可以直接下载。RepeatMasker 自己也带了 Libraries，因此在加压替换原来的文件前，可以先确认一下版本。

repeatmaskerlibraries – 20140131. tar. gz

通过命令解压：

tar-xvf repeatmaskerlibraries – 20140131. tar. gz

解压后的名称为 Libraries，不要改动这个文件名，更新 Dfam 的版本，http://www.dfam.org，下载 Dfam.hmm.gz。从 Dfam 的官方网站下载 Dfam.hmm.gz，并将其也解压到 Libraries 文件夹中。
(1) 安装 NCBI 的 blast（ncbi-blast – 2.2.30 + – x64 – linux. tar. gz），下载后，解压，/bin 文件夹中的程序可以直接运行。安装 rmblast（ncbi-rmblastn – 2.2.28 – x64 – linux. tar. gz），解压后也可以直接运行，要求将 rmblast 可执行程序剪切到 NCBI Blast 的 bin 目录下。（官方安装说明是这个意思，并将设置运行路径，参考官网的说明），安装 RepeatMasker 的过程中，会要求 rmblast 和 mkblastdb，blastx 这些可执行程序在同一个目录下，因此要求在解压之后，要调整这些可执行程序的位置。
(2) 安装 trf，trf（Tandem repeats finder）http://tandem.bu.edu/trf/trf.html 用于查找串联重复序列。该程序安装比较简单，解压后可以直接运行。
(3) 安装 RepeatMasker 主程序，进入到解压目录，perl./configure 开始编译，过程如下：

$ perl./configure

RepeatMasker Configuration Program

This program assists with the configuration of the
RepeatMasker program. The next set of screens will ask
you to enter information pertaining to your system

configuration. At the end of the program your RepeatMasker
installation will be ready to use.

<PRESS ENTER TO CONTINUE>

PERL PROGRAM

This is the full path to the Perl interpreter.
e. g. /usr/local/bin/perl or enter "env" if you prefer to use
the "/usr/bin/env perl" mechanism to locate perl.
Enter path [/usr/bin/perl]：（确认 perl 的目录，直接回车确定）

REPEATMASKER INSTALLATION DIRECTORY

This is the path to the directory where
the RepeatMasker program has been installed.

Enter path [/usr/local/RepeatMasker/RepeatMasker]：（输入 RepeatMasker 的目录）

——Building monolithic RM database...
TRF PROGRAM
This is the full path to the TRF program.
This is now used by RepeatMasker to mask simple repeats.

Enter path [/usr/local/RepeatMasker/trf/trf]：

Add a Search Engine：
    1. CrossMatch：[Un-configured]
    2. RMBlast-NCBI Blast with RepeatMasker extensions：[Un-configured]
    3. WUBlast/ABBlast (required by DupMasker)：[Un-configured]
    4. HMMER3.1 & DFAM：[Un-configured]

    5. Done

Enter Selection：2（服务器上安装的是 RMbalst，因此选择 2）

RMBlast (rmblastn) INSTALLATION PATH

This is the path to the location where
the rmblastn and makeblastdb programs can be found.

Enter path [ ]：/usr/local/RepeatMasker/rmblast/

Building RMBlast frozen libraries...
Do you want RMBlast to be your default
search engine for Repeatmasker?（Y/N）　　［Y］：Y

Add a Search Engine：
　1. CrossMatch：［Un-configured］
　2. RMBlast-NCBI Blast with RepeatMasker extensions：［Configured, Default］
　3. WUBlast/ABBlast（required by DupMasker）：［Un-configured］
　4. HMMER3.1 & DFAM：［Un-configured］

　5. Done

Enter Selection：5　　（选择默认搜索工具，结束）
——Setting perl interpreter...
看到下面的祝贺信息表明安装成功
Congratulations!　RepeatMasker is now ready to use.
The program is installed with a full version of the repeat library：
　DFAM Library Version = Dfam_ 1.2
　RMLibrary Version = 20120418
　Repbase Version = 20120418
Further documentation on the program may be found here：
　/usr/local/RepeatMasker/RepeatMasker/repeatmasker.help

二、RepeatModeler 的安装

RepeatModeler 联合多种软件对基因组中的重复序列进行挖掘，其结果是重复序列的一致序列，因此可以在运行 RepeatMasker 之前，可以运行 RepeatModeler。RepeatModeler 安装前也需要安装其他程序：

（1）Perl，同 RepeatMasker。
（2）RepeatMasker and library 已安装。
（3）RECON 根据 install 的说明，在 scr 目录中运行 make 和 make install 命令。安装后会在 bin 目录中出现可执行文件。此程序中的 script 文件夹中有两个 perl 程序，也是很有用的工具。
（4）RepeatScout 解压后运行 make 命令，产生 build_ lmer_ table，compare-out-to-gff.prl，filter-stage-1.prl，filter-stage-2.prl，merge-lmer-tables.prl，和 RepeatScout 可执行程序。
（5）TRF 已安装。
（6）Rmblast 已安装。
（7）解压 RepeatModeler，按照以下步骤安装。

[liuzhen@ RD630 RepeatModeler] $ perl. /configure
RepeatModeler Configuration Program

This program assists with the configuration of the
RepeatModeler program. The next set of screens will ask
you to enter information pertaining to your system
configuration. At the end of the program your RepeatModeler
installation will be ready to use.

< PRESS ENTER TO CONTINUE >

* * PERL INSTALLATION PATH * *

  This is the full path to the Perl interpreter.
  ie. /usr/local/bin/perl

Enter path [/usr/bin/perl]:

* * REPEATMODELER INSTALLATION PATH * *

  This is the path to the location where
  the RepeatModeler program has been installed.

Enter path [/usr/local/RepeatMasker/RepeatModeler]: 选择安装位置

* * REPEATMASKER INSTALLATION PATH * *

  This is the path to the location where
  the RepeatMasker program suite can be found.
Enter path [ ]: /usr/local/RepeatMasker/RepeatMasker   RepeatMasker 的安装位置

* * RECON INSTALLATION PATH * *

  This is the path to the location where
  the RECON program suite can be found.

Enter path [ ]: /usr/local/RepeatMasker/RECON
/usr/local/RepeatMasker/RECON does not appear to contain a complete
set of files. 这里有一个警告信息。因为 RECON 的目录没有写到可执行程序的位置
< PRESS ENTER TO CONTINUE, CTRL-C TO BREAK >

* * RECON INSTALLATION PATH * *

This is the path to the location where
the RECON program suite can be found.

Enter path [ ]：/usr/local/RepeatMasker/RECON/bin
RECON 的目录写到了 bin 可执行程序的目录，消除了警告信息
＊＊RepeatScout INSTALLATION PATH＊＊

This is the path to the location where
the RepeatScout program suite can be found.

Enter path [ ]：/usr/local/RepeatMasker/RepeatScout 输入路径

＊＊TRF INSTALLATION PATH＊＊

This is the path to the location where
the TRF program can be found.

Enter path [ ]：/usr/local/RepeatMasker/trf
——Setting RepeatModeler Parameters

Add a Search Engine：
    1. RMBlast-NCBI Blast with RepeatMasker extensions：[Un-configured]
    2. WUBlast/ABBlast：[Un-configured]

    3. Done

Enter Selection：1

＊＊RMBlast（rmblastn）INSTALLATION PATH＊＊

This is the path to the location where
the rmblastn and makeblastdb programs can be found.

Enter path [ ]：/usr/local/RepeatMasker/rmblast
/usr/local/RepeatMasker/rmblast/blastp does not exist
/usr/local/RepeatMasker/rmblast/setdb does not exist
< PRESS ENTER TO CONTINUE >

＊＊RMBlast（rmblastn）INSTALLATION PATH＊＊

This is the path to the location where

the rmblastn and makeblastdb programs can be found.

Enter path [ ]：/usr/local/RepeatMasker/rmblast/bin 这个目录要写到 bin，不然会提示有问题

Do you want RMBlast to be your default
search engine for Repeatmasker? (Y/N)　　[Y]：

Add a Search Engine：
　　1. RMBlast-NCBI Blast with RepeatMasker extensions：[Configured，Default]
　　2. WUBlast/ABBlast：[Un-configured]
　　3. Done

Enter Selection：3
——Setting perl interpreter...
看到下面的信息表示安装成功
Congratulations!　　RepeatModeler is now ready to use.
Simply place：
　　/usr/local/RepeatMasker/RepeatModeler
in your user's path and review the RepeatModeler documentation here：
　　/usr/local/RepeatMasker/RepeatModeler/README

三、RepeatMasker 的操作

基本命令

RepeatMasker　current.dna.fa

RepeatMasker 的运行非常简单，在程序后面跟上要分析的序列即可。在上面的示例中，current.dna.fa 为输入文件，要求格式为 fasta，在一个文件中可以有一个，也可以有多个 fasta 格式的序列。命令支持通配符，如：RepeatMasker *.fasta，将分析所有的以 .fasta 结尾的序列，并且每个文件分析的结果文件都会有相应的不同的名字。

运行结果会产生如下五个文件：

　　current.dna.fa.masked
　　current.dna.fa.log
　　current.dna.fa.dna.cat
　　current.dna.fa.dna.out
　　current.dna.fa.dna.tbl

注意：Repeatmasker 的可执行命令要在 Linux 可执行程序的目录中。在上面简单命令

的基础上，可以添加一些参数选项，Repeatmasker 中的参数设置的顺序不重要。

-species 选项

RepeatMasker 的功能就是要在基因组中查找和数据库中相似的重复序列，-species 就是要针对特定的物种选择合适的数据库。因为不同物种的重复序列家族差别很大，因此，该参数非常重要，对结果的影响很大。在缺省 -species 的情况下，默认使用的物种是 homo sapiens。

在 RepeatMasker 的安装目录下，有一个 Libraries 文件夹，该文件夹中是 Repbase 数据库的安装目录，也就是 RepeatMasker 搜索基因组中重复序列所需要依据的数据库。其中 RepeatMaskerLib.embl 文件中包含的是所有文本格式的重复序列，与此对应的还有一个 taxonomy.dat 文件，该文件包含的是物种分类或进化关系的数据库。

对于重复序列，不同的物种差别很大，相似的物种有相似的重复序列，也有一些重复序列是一个进化分支甚至所有物种中都存在的。然而在 Repbase 数据库的 RepeatMaskerLib.embl 文件中仅包含了一个 Species：XX 的记录，这里的记录可能是一个种，也可能是进化树上的一个分枝，但没有标明该物种在整个进化树上的位置。而在 taxonomy.dat 文件中记录中物种之间的关系。这里的数据基本是来自 NCBI 的 taxonomy（http://www.ncbi.nlm.nih.gov/Taxonomy/taxonomyhome.html）。RepeatMasker 通过这两个文件以及 -species 选项来确定选用 Repbase 中的哪一部分重复序列。

参数 -species 后面跟的物种名只要在这个进化树上存在就可以了，而不管 Repbase 数据库（也就是 RepeatMaskerLib.embl 文件）中是不是已经收录了该物种的重复序列。只要是分类数据库中存在的物种名，就可以跟在 -species 后面，如果不是标准的物种名，程序会有提示。

格式要求：物种名中间没有空格的，可以直接写，如果中间有空格，即两个单词，需要用双引号，物种名不区分大小写。RepeatMasker 使用的是哪一个物种，可以在 .tbl 结果文件中看到。

   -species chimpanzee
   -species "sus scrofa"

如果使用的是自己的 library 文件，则不需要 -species 选项，而是要用 -lib 选项。自己的 library 文件是通过 RepeatModeler 等工具构建的。这种情况是用在基因组序列在 Repbase 没有数据的情况下的。

四、RepeatMasker 搜索的过程

首先会搜索 -species 后面紧跟物种的重复序列，然后是和该物种相关的一些物种，再就是在所有物种中都存在的重复序列。如果 -species 后面跟的是一个进化分支，则搜索所有这个进化分支中的重复序列。

   -species viridiplantae 搜索所有植物的重复序列

- speciesroot 搜索整个生物界，也就是全部的 Repbase 数据库
- species all all 和 root 类似，搜索的是全部的 Repbase 数据库。

在 NCBI 的 Taxonomy 以及 Repbase 的 taxonomy.dat 数据库中，整个进化树都是从 root 开始分枝的，因此 – species root 表示所有。这里需要注意的是，RepeatMasker 如果在 – species 缺省的情况下，默认的是人类的重复序列，而不是所有的数据库。

五、两个 Perl 程序

RepeatMasker 在依据上面的 – species 参数完成搜索的时候，有时候还需要知道究竟是用了数据库的哪些序列，和 – species 指明的物种相关的物种究竟有哪些。RepeatMasker 安装目录下的 util 文件夹中有一系列的 perl 程序，其中的 queryRepeatDatabase.pl 和 queryTaxonomyDatabase.pl 可以帮助解决这两个问题。

（1）queryRepeatDatabase.pl 程序

  Perl queryRepeatDatabase.pl 或
  Perl queryRepeatDatabase.pl-species root

会将数据库中所有的重复序列以 fasta 格式输出，注意缺省 – species 选项时是全部，这一点和 RepeatMasker 不同。如果 – species 后面跟一个具体的物种，则会输出 RepeatMasker 程序分析时所用的重复序列（fasta 格式）。

  Perl queryRepeatDatabase.pl-species "species name" -clade

仅输出 species name 物种在 Repbase 数据库中的重复序列，而不输出相关物种的重复序列。

  Perl queryRepeatDatabase.pl-tree
  输出一个 RepeatMasker 所使用的进化树

此外，该 perl 程序还可以输出一个特定 id、特定重复序列类型的重复序列。具体可以参考该 perl 程序前面的注释。

（2）queryTaxonomyDatabase.pl 程序

首先需要注意：该程序的运行需要有 taxonomy.dat 文件，前面说过，该文件的位置在 RepeatMasker 目录中 Libraries 文件夹。但是 queryTaxonomyDatabase.pl 中的目录不一定对，最好通过 – taxDBFile 选项来指明该文件的位置。通过 – species "species name" 来输出在进化树种和 species name 相关的物种。

  Perl queryTaxonomyDatabase.pl-taxDBFile /usr/local/RepeatMasker/RepeatMasker/Libraries/taxonomy.dat-species "zea mays"

程序会输出在 RepeatMasker 查询的过程中，如果有 – species "zea mays" 参数，会搜索哪些物种的重复序列。

  perl queryTaxonomyDatabase. pl-taxDBFile /usr/local/RepeatMasker/RepeatMasker/Libraries/taxonomy. dat-species "zea mays" -isa "Viridiplantae"

输出 "zea mays" 是否属于 "Viridiplantae"，答案是肯定的。将 queryTaxonomyDatabase. pl 程序的 my $ taxFile 变量的值修改成 queryTaxonomyDatabase. pl 的绝对目录，就可以不用 – taxDBFile 在命令行中指明地址了。

  my $ taxFile = "/usr/local/RepeatMasker/RepeatMasker/Libraries/taxonomy. dat"

六、联合多个重复序列数据库

  RepeatMasker 运行过程中，可以通过 – species 参数使用默认的公共重复序列数据库 Repbase 中的已知序列，也可以通过 – lib 参数使用自己构建的针对某一物种的重复序列数据库，但是这两个参数不能同时使用。当需要同时使用公共数据库和自己构建的数据库的时候，可以利用 RepeatMasker 安装目录下的 util 文件夹中的一个 perl 程序 "queryRepeatDatabase. pl"，将 Repbase 数据库中的序列导出，生成一个 RepeatMaker 识别的 fasta 格式，"queryRepeatDatabase. pl" 脚本中还包含一些参数，使用户可以选择某类的物种，或特定的重复序列类型，具体参数可以通过用文本工具打开该程序，查看其中的说明。

  RepeatMasker 自定义库的格式，首先要求是 fasta 格式，其次，大于号后面的格式为：

  > repeatname#class/subclass
  或简化成
  > repeatname#class

  其中，repeatname 是重复序列的名字，如：自己构建重复序列数据库的 ID，紧跟的 "#" 后面是重复序列的分类情况，如：

  > RLC_ LTRharvest_ Gh_ 3323#LTR/Copia
  tgtagggaaaaaaataatcacagaagaatattgtcaaacaacttgtatgcaaggaaagta
  ctaaactggaaagtttaagaaaaaataaaagttgaacttagaatgcctgaagttgctgta
  ……………………………………………
  ttattcacacccaaaatgaaataaatgaaggcatataaatagccgttacaccataactaa
  ctaacataaaaaatgtacaacactattgcacgaacataacaaaaa
  > RLG_ LTRharvest_ Gh_ 3324#LTR
  tgtaatagcactctcaattgaatgtaaaaattaaagtgaatatgaacttctcttgatata
  cctattcaaaacaagttgtatacaaacgggatatttcaaacatccaaaaaaaattaccaa
  ……………………………………………

tagaaaaaatgtttaacctacatacttctcacattaaaattttttttaagccaagcatta
atgtatcttttaattccttaggcaacttcaaatttgtggagatacg

示例中，RLC_ LTRharvest_ Gh_ 3323 是自己构建数据库的 ID，其中 RLC 是依据 wiker 对转座子的命名方法的前三个字母，LTRharvest 表明该重复序列是有 LTRharvest 工具挖掘到的，Gh 是物种的缩写（*Gossypium hirsutum*），3323 是数据库的编号。

一般情况下，使用一种挖掘工具很难挖掘基因组中所有的重复序列，因此，常用的方法是整合多种不同的工具进行挖掘，这时候就需要将这些挖掘工具的结果统一整理成 RepeatMasker 识别的格式，进行统一的注释。在这个过程中，对于一个由多种工具联合挖掘的重复序列数据库，首先将这些工具的结果整理成上述格式。由于不同的工具之间会有很多重复，因此需要进一步通过 cd-hit 等工具去除冗余序列，构建一个非冗余的重复序列数据库。

七、RepeatMasker 的其他参数

- a 产生一个 .align 的序列比对文件，序列比对文件中，i 和 v 表示颠换和置换
- small 产生后缀为 .masked 的文件，以小写字母显示
- xsmall 用小写字母表示覆盖区，而不是覆盖
- x returns repetitive regions masked with Xs rather than Ns
- gff 创建 gff 文件
- cutoff 用于设置覆盖分析的阈值，默认是 255，该值低的时候会有较多的错配。
- w 选项表示使用 wu-blast 程序。
- gc 设置 GC 含量的阈值
- no_ id 在 out 文件中不显示 ID 列
- noint/-int 只分析低重复序列
- poly 单独列出微卫星
- nolow 选项可以避免覆盖 low-complexity DNA or simple repeats
- pa 并行运算数量，后面跟线程的数量，具体要看电脑有多少个线程。

Simple repeats（micro-satellites）：可以在基因组的任意位置出现，因此也具有一定的散在特性。Low-complexity DNA：嘌呤或嘧啶的多聚物，或者是 AT，CG 类的多聚物，将会在搜索过程中造成假阳性，可以通过 – nolow or-l（ow）去除这些东西。虽然 RepeatMasker 也可以找到 Simple repeats（micro-satellites）和 Low-complexity DNA，但是该程序的期初目的并不是找这种类型的重复序列。需要分析这种类型的重复序列的话，可以通过其他程序来完成。

推荐：
RepeatMasker-a-gff-species "species name" sequence.fasta &   特定物种

RepeatMasker-a-gff-species all sequence.fasta > run.log &　　所有已知重复序列
RepeatMasker-a-gff-nolow-lib lib.fasta sequence.fasta > run.log &　自定义库

在此基础上，可以选择多输出几种结果格式，详细参数参考 repeatmasker.help

八、Out 结果文件

RepeatMasker 的功能是要依据已知的重复序列数据库，分析基因组序列中的重复序列，这样的话，在结果中就需要说明：在基因组中找到了哪些重复序列，以及这些重复序列的家族和分类情况；重复了多少次；这些重复序列在基因组中的位置。这三个问题解决了，重复序列的分析基本也就解决了。RepeatMasker 最重要的结果文件.out 文件，也就需要说清楚这三个基本的问题。

（1）out 文件中，matching repeat 列对应的是重复序列的名字，这个名字在 Repbase 数据库中是唯一的。在 RepeatMasker 的 Libraries 文件夹中，RepeatMaskerLib.embl 是重复序列文本格式的数据库，可以在这个文件中搜索 matching repeat 列中的名字，可以找到序列，species，等信息。在自己构建的 fasta 库中，是紧跟">"的数据库 ID。

（2）matching repeat 列对应的是重复序列的名字是唯一的，在该列出现了多少次，就表明在基因组中出现了多少次。

（3）position in query begin end 两列中分别显示出了重复序列在基因组中的起始和结束位置。

out 文件的其他列：

SW score：根据 Smith-Waterman 算法比对的分值
Div%　　错配与总长（整个匹配区间，包括非空位区）的比值，可以通过 -div 选项来剔除掉比较小的，如：-div 10　　小于10% 的全部被剔除掉了
del% 在查询序列中碱基空位的百分率（删除碱基）
ins% 在 repeat 库序列中碱基空位的百分率（插入序列）
query sequence 待分析序列的名字
position in query begin end 两列中分别显示出了重复序列在基因组中的起始和结束位置
Query left 匹配位点到 query sequence 末端的距离
C/ +　　　C 表示反向序列，+ 表示正向序列。
matching repeat 列对应的是重复序列的名字，在 Repbase 数据库中的名字
position in repeat
begin 数据库序列起始匹配的位点
end 数据库序列匹配的终点位置
left 终点位置后的序列。
注：匹配位点前的序列可以通过 begin 知道。
ID　　　 = unique identifier for individual insertions
最后一列星号的含义：indicates that there is a higher-scoring match whose domain partly (<80%) includes the domain of the current match.

27	3.5	0	0	Chr01	789	818	(55867415)	+	(CTAGACC)n	Simple_repeat	1	30	0	1
11	25.7	0	4.5	Chr01	2 216	2 261	(55865972)	+	A-rich	Low_complexity	1	44	0	2
18	20.7	1.9	1.9	Chr01	2 481	2 532	(55865701)	+	A-rich	Low_complexity	1	52	0	3
21	21.2	4.6	0	Chr01	2 654	2 718	(55865515)	+	(AAGCCCC)n	Simple_repeat	1	68	0	4
13	27.3	1.5	4.6	Chr01	3 408	3 474	(55864759)	+	A-rich	Low_complexity	1	65	0	5
22	25.4	3.4	0	Chr01	3 518	3 609	(55864624)	+	A-rich	Low_complexity	1	95	0	5
15	27.1	2.3	0	Chr01	3 595	3 638	(55864595)	+	GA-rich	Low_complexity	1	45	0	6
14	22.5	1.8	5.5	Chr01	8 539	8 595	(55859638)	+	(TTTA)n	Simple_repeat	1	55	0	7
17	23.5	4	4	Chr01	8 596	8 612	(55859621)	+	(TTTTA)n	Simple_repeat	2	75	0	8
13	19.6	4.9	0	Chr01	12 018	12 058	(55856175)	+	A-rich	Low_complexity	1	43	0	9
12	13.6	0	14.9	Chr01	13 795	13 848	(55854385)	+	(TTTTTA)n	Simple_repeat	1	47	0	10
14	11.7	0	3.5	Chr01	14 355	14 384	(55853849)	+	(ACAAT)n	Simple_repeat	1	29	0	11
18	0	0	0	Chr01	14 405	14 424	(55853809)	+	(A)n	Simple_repeat	1	20	0	12
12	24.1	0	0	Chr01	16 267	16 300	(55851933)	+	(TTTAT)n	Simple_repeat	1	34	0	13
227	23.9	0	0	Chr01	16 712	16 757	(55851476)	+	Copia-27_GM-I	LTR/Copia	143	188	(3763)	14
263	30.8	0	0	Chr01	16 940	17 030	(55851203)	+	Copia-27_GM-I	LTR/Copia	381	471	(3554)	14
360	25.3	0	4.7	Chr01	17 342	17 453	(55850780)	+	Copia-27_GM-I	LTR/Copia	871	977	(3137)	14
517	28.5	2.5	0	Chr01	17 560	17 717	(55850516)	+	Copia-27_GM-I	LTR/Copia	1 164	1 325	(2774)	14
13	3.7	10.7	0	Chr01	18 651	18 697	(55849536)	+	(AATATG)n	Simple_repeat	1	52	0	15
12	19.6	2.9	0	Chr01	19 016	19 050	(55849183)	+	A-rich	Low_complexity	1	36	0	16
1 302	32.4	2.6	2	Chr01	20 108	20 850	(55847383)	+	Copia-27_GM-I	LTR/Copia	1 547	2 345	(1785)	14
765	29.1	1.1	1.5	Chr01	20 905	21 173	(55847060)	+	Copia-27_GM-I	LTR/Copia	2 350	2 617	(1351)	14
1 302	29.8	1.4	2	Chr01	21 200	21 767	(55846466)	+	Copia-27_GM-I	LTR/Copia	2 676	3 235	(747)	14
266	16.9	5.6	0	Chr01	21 831	21 898	(55846335)	+	Copia-27_GM-I	LTR/Copia	3 621	3 699	(626)	14
771	31.2	3	2	Chr01	21 957	22 388	(55845845)	+	Copia-27_GM-I	LTR/Copia	3 589	4 044	(54)	14
15	25.6	5	0	Chr01	22 508	22 567	(55845666)	+	(TTAAGA)n	Simple_repeat	1	63	0	17
25	29.4	0.8	5.7	Chr01	27 286	27 322	(55840911)	+	(AATTCAA)n	Simple_repeat	1	55	(67)	18
14	21.1	6.1	0	Chr01	27 323	27 371	(55840862)	+	A-rich	Low_complexity	1	52	0	19
25	29.4	0.8	5.7	Chr01	27 372	27 413	(55840820)	+	(AATTCAA)n	Simple_repeat	56	122	0	18
13	8.5	0	7.4	Chr01	28 474	28 502	(55839731)	+	(AAT)n	Simple_repeat	1	27	0	20
13	21.2	0	6.5	Chr01	28 541	28 589	(55839644)	+	A-rich	Low_complexity	1	46	0	21
13	29.8	1.9	0	Chr01	30 421	30 473	(55837760)	+	A-rich	Low_complexity	1	54	0	22
12	21.7	0	0	Chr01	31 364	31 395	(55836838)	+	(ATTT)n	Simple_repeat	1	32	0	23
13	15.8	0	7.9	Chr01	34 499	34 539	(55833694)	+	(CTTTTA)n	Simple_repeat	1	38	0	24
12	3.6	10	3.1	Chr01	35 174	35 203	(55833030)	+	(TACATT)n	Simple_repeat	1	32	0	25

九、RepeatModeler 的使用

RepeatModeler 是一款利用基因组序列从头构建重复序列文库的软件包。它调用了两个算法互补的从头构建软件 – RECON 和 RepeatScout，并对它们的结果进行提炼和分类。最后的结果是一个重复序列文库，该文库可以直接用作 RepeatMasker 的文库。RepeatModeler 的运行需要两个步骤：

（1）首先需要为 RepeatModeler 的运行创建一个数据库，注意该数据库是为 RepeatModeler 运行而创建的，而不是最后用在 RepeatMasker 中的 libraries。

BuildDatabase-name elephant elephant.fa

– name 参数后跟的是要创建的 Database 的名字，这个是根据自己的需要而定的
elephant.fa 是输入的 fasta 格式的文件

这一个步骤运行的很快（大约几分钟），最后产生 7 个文件：elephant.nhr、elephant.nin、elephant.nnd、elephant.nni、elephant.nog、elephant.nsq、elephant.translation。

（2）运行 RepeatModeler。

nohup < RepeatModelerPath >/RepeatModeler-database elephant > & run.out &

– database elephant 是上一步骤中产生的数据库文件。运行结果产生一个 consensi.fa.classified，该文件即为 Library。可以通过 RepeatMasker 的 – lib 运行。运算需要比较长的时间，在运行的过程中，会产生一个工作目录 RM_ < PID > < DATE >，这个目录中又会有 round-1、round-2、round-3……round-n。本测试中，序列数据为 200 多 M，在 RD630 服务器运行了 45 个小时。

第三节 LTRharvest

LTRharvest 是 genometool 工具的一部分，因此，没有一个软件的名字叫做 LTRharvest，只有 genometool。Genometool 的安装需要 ruby 程序，如果系统上没有，则根据 genometool 的安装说明，下载并安装 ruby。

安装路径：/local/usr/
./configure
$ make
$ sudo make install

安装 genometool 的过程，选择安装路径为：/local/usr/

Make

Make test

在 RQ940 服务器大概需要 20 分钟，Ruby 和 genometool 安装之后，不用设置运行路径就可以直接运行。

第一步：通过 genometool 中的 gt suffixerator 构建 LTRharvest 需要的 array，这一步骤在 RQ940 服务器上运行，大约需要 1 个小时的时间。

gt suffixerator-db NBI_ Gossypium_ hirsutum_ v1.1.fa-indexname NBI_ Gossypium_ hirsutum_ v1.1.fsa-tis-suf-lcp-des-ssp-sds-dna

— db NBI_ Gossypium_ hirsutum_ v1.1.fa 为输入的基因组文件

— indexname NBI_ Gossypium_ hirsutum_ v1.1.fsa 为输出的结果文件，该文件是 gt ltrharvest 需要的。

第二步：运行 LTRharvest，这一步骤在 RQ940 服务器运行，可能需要 2~3 个小时。结果文件的最后没有明显的结束标识，因此，如果使用后台运行的方法，比较难判断是否运行结束（可以使用 top 命令，看看该程序是否在运行。）

gt ltrharvest-index NBI_ Gossypium_ hirsutum_ v1.1.fsa-minlenltr 100 – maxlenltr 1000 – mindistltr 1000 – maxdistltr 15000 – overlaps best-mintsd 4 – maxtsd 20 – motif tgca-longoutput-similar 80 – motifmis 0 – vic 60 – out result_ out.fasta-outinner result_ withoutLTR.fasta-gff3 result_ gff3.gff3 > result.result

其中 – minlenltr 100 – maxlenltr 1000 – mindistltr 1000 – maxdistltr 15000 全部是默认参数，为了更明确，添加以下参数：

— out result.fasta

— outinner withoutLTR_ result.fasta

— gff3 result.gff3 多产生这样一个结果文件

— overlaps best

— mintsd 4 – maxtsd 20 默认参数，为了更明确，添加上

— motif tgca

— longoutput

— similar 80 两端 LTR 的相似性，默认是 85

— motifmis 0 – vic 60

第四节　序列去冗余

在通过多种方法获得转座子序列，同一个转座子可能会被多个软件搜寻到，因此需要将相似的序列进行去冗余操作。具体包括：

（1）将一组序列中的所有序列进行两两比较。

（2）将相似性超过一定阈值的序列归成一组。

（3）通过一个序列代表这一组相似序列。这种方法减少了序列数据的数量，但却保留了所有的信息。

目前比较流行的去除冗余序列的软件主要包括：CDhit（http：//weizhongli-lab. org/cd-hit/）、Clone Library Dereplicator（http：//www. download3k. com/MP3 - Audio-Video/Encoders-Decoders/Download-Clone-Library-Dereplicator. html）、Fastgroup（http：//fastgroup. sdsu. edu/）、Qiime（http：//qiime. org/tutorials/usearch_quality_filter. html）、Usearch（http：//drive5. com）以及 mothur 等软件可以实现去冗余操作。这里以 CDhit 为例详细进行说明（图 4 - 2）。

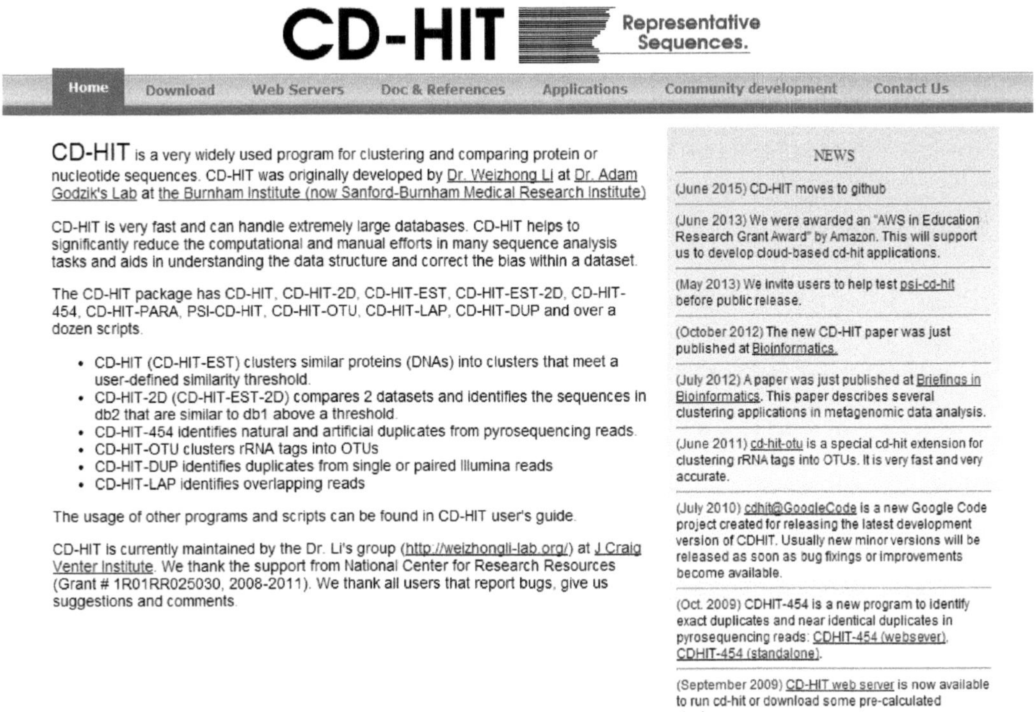

图 4 - 2　CD-HIT

安装：

解压后进入到根目录，运行"make"，然后在进入 cd-hit-auxtools 目录，运行 make，安装成功。注意修改系统的 PATH 路径，使程序可以在命令行直接执行。cdhit 通过一系列的可执行程序和 perl 脚本共同实现去冗余操作和相关的分析。

主要程序及功能：

（1）cd-hit 用于蛋白序列。
（2）cd-hit-est 用于核酸序列，对于转座子序列，应该选用该程序。
（3）cd-hit–2d 用于比较两个蛋白序列数据库。
（4）cd-hit-est–2d 用于比较两个核酸数据库。

命令格式：

  cd-hit-est-i inputfile-o output-g 1 – c 0.8 – n 5 – d 0 – M 0 – T 0
  – I   输入文件
  – o   输出文件，cd-hit-est 会使用该参数产生一个聚类结果文件和一个一致（代表）序列文件
  – g   1 结果精确，但需要较长的计算时间；0 结果较粗糙，但计算速度快
  – c   序列相似性阈值，0～1，如 0.8 表示序列相似性为 80%
  – n   字长，相似性为 0.95～1.0 时，选 – n 10，11；相似性为 0.90～0.95 时，选 – n 8，9；相似性为 0.88～0.9 时，选 – n 7；相似性为 0.85～0.88 时，选 – n 6；相似性为 0.80～0.85 时，选 – n 5；相似性为 0.75～0.8，选 – n 4
  – d0   表示输入文件中序列名字 > 到第一个空格；其他数字表示序列名字的字符长度
  – M   允许程序占用的内存数量，0 表示所有，其他的用具体的数字
  – T   允许程序占用 CUP 线程的数量，0 表示所有，其他的使用具体数字

主要的 perl 脚本

  plot_len.pl 分析一组序列中，序列长度的分布情况
  clstr_sort_by.pl 将聚类按照长度或大小排列
  clstr_sort_prot_by.pl 在聚类内部，将序列按照序列长度或序列名进行排序
  make_multi_seq.pl，将每一个聚类写到一个文件上，该脚本要求在 cd-hit-est 命令中，使用 – g 1，– d 0 参数
  make_multi_seq.pl seq_db dbout.clstr multi-seq 20

  seq_db 序列文件，也就是 cd-hit-est 的输入文件，
  dbout.clstr cd-hit-est 产生的聚类结果文件
  multi-seq 20 一个聚类超过 20 之后再输出，0 表示输出所有

第五节 Circos 绘图

Circos 是一个 Perl 语言开发的自由可视化软件，使用 GPL 协议分发，主要用于基因组

序列相关数据的可视化，很多高水平科研文献中都通过 Circos 绘制不同形式的基因组相关的图。Circos 也应用于其他领域，例如影视作品中的人物关系分析，物流公司的订单来源和流向分析等，大多数关系型数据都可以尝试用 Circos 来可视化。Circos 是由加拿大的一位生物信息科学家 Martin Krzywinski 所开发，Circos 使用 Perl 语言开发，可以安装在任何支持 Perl 的操作系统上如 Linux，Windows 等；Circos 主要使用 Perl 的 GD 库来绘图，可输出 PNG 位图或 SVG 矢量图（图 4-3）。

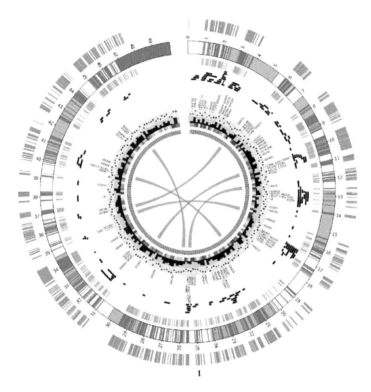

图 4-3　Circos 官方网站的一个图例

一、Circos 的安装

Circos 是基于 Perl 的，所以无论是 Linux 还是 Windows 都要求先装上 Perl，这次以在 Windows 系统为例进行讲解。由于 Windows 不像 Linux 系统自带 Perl 语言，因此，在安装之前首先要检查系统是否已经安装了 Perl。在 Windows 的 DOS 窗口输入：

  perl-v

如果系统显示 Perl 版本信息，则表明 Perl 已经安装，否则需要安装 Perl（https：//www.perl.org/）。在确认安装了 Perl 之后，还需要进一步确认安装 Perl 的一些模块，这些模块包括：

Config::General
Math::Bezier
Math::VecStat
Readonly
Set::IntSpan
Regexp::Common
Text::Format
File::Basename
File::Spec::Functions
GD::Polyline
Getopt::Long
IO::File
List::Util
List::MoreUtils
Math::BigFloat
Math::Round
Memoize
Params::Validate
Pod::Usage
Font::TTF

由于系统、版本等不同，有些模块可能已经安装，因此首先需要进行检测，方法是在 DOS 命令行下输入：

perldocConfig::General

如果系统提示 Config::General 模块的文档，表明该模块已经安装，否则需要安装该模块，方法如下，在 DOS 命令行输入 perl-MCPAN-e shell，这时候，会显示"cpan [1] >"提示符，输入: install Config::General，则开始进行安装。

> perl-MCPAN-e shell
cpan [1] >install Config::General

安装过程其实很简单，就是把压缩包直接解压到你想要安装的路径（D:\Programe\circos\）。注意安装路径中尽量不要包含空格等特殊字符。解压后的目录结构大致为：

CHANGES
README
TODO
bin/

etc/

fonts/

lib/

tiles/

tools/

教程内容如下:

data/

tutorials/

bin 目录中包含的是 Circos 脚本,在这里可以找到 Circos 可执行程序。DATA 路径包含的是的数据文件,这些是教程所需要的。ETC 目录中包含的是 Circos 的全局配置文件,如: colors. conf、fonts. conf 等。tutorials 目录下包含的是 Circos 的教程,是相对独立的 Circos 文档。每个教程都将图像和对应的配置文件关联起来。在正式运行之前,需要测试一下安装是否成功,在 DOS 窗口将当前目录转移到 D: \ Programe \ circos \ ,运行:

perl bin \ circos

如果提示缺少某些 Perl 模块,如: Statistics: Basic,继续通过 Perl CPAN 进行安装,直到给出的错误是缺少 circos. conf 配置文件等信息 (如下),则说明安装初步成功。

##

D: \ Programe \ circos \ bin > perl circos
debuggroup summary 0. 60s welcome to circos v0. 69 6 Dec 2015 on Perl 5. 022000
debuggroup summary 0. 60s current working directory D: /Programe/circos/bin
debuggroup summary 0. 60s command circos [no flags]
debuggroup summary 0. 60s guessing configuration file
Missing argument in sprintf at D: /Programe/circos/bin/. . /lib/Circos/Error. pm line 362.

* * * CIRCOS ERROR * * *

cwd: D: /Programe/circos/bin

command: circos

CONFIGURATION FILE ERROR

Circos could not find the configuration file []. To run Circos, you need to specify this file using the-conf flag. The configuration file contains all the parameters that define the image, including input files, image size, formatting, etc.

If you do not use the-conf flag, Circos will attempt to look for a file circos. conf in several reasonable places such as. etc/../etc

....
##

Circus 的运行命令格式为：

perl. \ bin \ circos-conf . \ example \ etc \ circos. conf

由于 Circos 是 Perl 脚本，因此需要 perl 进行解析即：

perl. \ bin \ circos

该命令也是前面测试使用过的命令，这里需要注意 Circos 的目录要写正确。- conf 是一个描述，表示后面跟的是一个配置文件（主配置文件），同样要注意该配置文件的位置要写正确，Circos 运行需要的数据和其他配置都包含在这个主配置文件当中，Circos 提供了很多示例文件，可以帮助我们尽快完成自己的绘图工作。

二、Circos 的颜色

颜色是 Circos 的基本内容，因此，在讲解 Circos 绘图之前，需要首先对 Circos 中描述颜色的方法有一个了解。Circos 使用的是 RGB 颜色系统，RGB 色彩模式是一种颜色标准，是通过对红（R）、绿（G）、蓝（B）三个颜色通道的变化以及它们相互之间的叠加来得到各式各样的颜色的，RGB 即是代表红、绿、蓝三个通道的颜色，这个标准几乎包括了人类视力所能感知的所有颜色，是目前运用最广的颜色系统之一。Circos 系统中，可以用 RGB 三个数字来定义颜色（查看 RGB 颜色对应表），也可以用英语定义常见的颜色，如：

color = 255, 0, 0
等同于
color = red

当颜色作为一个可选的参数时，三个数字形式的 RGB 是需要用（）包括的。例如，如果你想去为一个连接添加一个颜色：

chr1 100 200 chr2 200 250 color = blue, thickness = 2
chr1 100 200 chr2 200 250 color = (107, 174, 241), thickness = 2

对于一个基本颜色，都有不同的亮和暗的变化范围，circos 中通过 d（dark），l

(light) 或者 v (very), vv (veryvery) 来进行表示。

vvl {name} -very very light version of color
vl {name} -very light
l {name} -light
{name} -default tone
d {name} -dark
vd {name} -very dark
vvd {name} -very very dark

例如：
vvlred = reds $-7-$ seq -1
vlred = reds $-7-$ seq -2
lred = reds $-7-$ seq -3
red = reds $-7-$ seq -4
dred = reds $-7-$ seq -5
vdred = reds $-7-$ seq -6
vvdred = reds $-7-$ seq -7

如果你想用原本颜色的话使用 p (pure)，例如纯橘色：

vvlporange = 255, 182, 106
vlporange = 255, 164, 82
lporange = 255, 146, 54
porange = 255, 127, 0
dporange = 234, 110, 0
vdporange = 213, 92, 0
vvdporange = 193, 75, 0

用颜色透明度作为颜色的第四个参数，该参数的范围是用 0~1 或者 0~127，其中 0 表示不透明，1 表示完全透明。如：

red_ faint = 255, 255, 255, 0.8
red_ also_ faint = 255, 255, 255, 102

在 heat map 类的图例中，会使用到一连串相似的颜色，这时候，可以通过颜色列表解决问题。Circos 中，通过 "," 间隔来定义颜色列表。

red_ list = dred, red, lred, vlred

或者更加方便的是一个正则表达式。如果想反过来那么可以调用 rev 函数，例如创建一个9种颜色的列表：

spectral9 = spectral – 9 – div – (\d+)

同理如果放过来就是：

spectral9r = rev (spectral – 9 – div – (\d+))

三、图像分析

Circos图看起来很复杂，因此在学习Circos绘图前，我们认真分析一下图片中包含的元素会对图片的制作有很好的帮助（图4-4）。Circos是专门用于基因组绘图的工具，因此图中最主要的是：

（1）表示基因组序列的圆周，不同的染色体之间有一个间隙。
（2）染色体周边相应的刻度和标号。
（3）将染色体不同区域连接起来的线。
（4）柱状图。

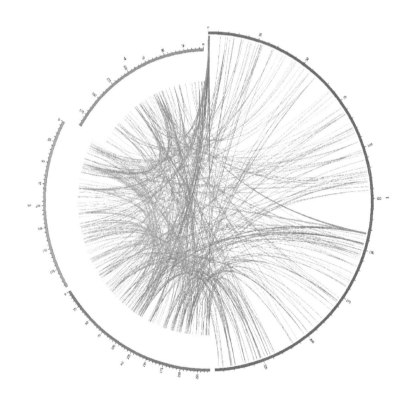

图4-4 Circos图像元素分析

该图的配置文件框架（不是全部，仅仅是框架）如下：

karyotype = data/karyotype/karyotype.human.txt# 指定核型文件，在核型文件中定义染色体的大

小，范围。

```
chromosomes_ units = 1000000  # 定义刻度单位
<ideogram>                    # ideogram 标签定义 circos 图的半径基本信息
<spacing>
default = 0.005r
</spacing>
radius           = 0.90r
stroke_ color    = grey
stroke_ thickness = 2p
show_ label      = yes
</ideogram>

<<include ticks.conf>>        #定义刻度文件，具体信息查看"ticks.conf"文件

<links>   #links 标签中包含 link 标签，定义连接的信息
<link>
file           = data/5/segdup.txt    #连接数据文件的位置
radius         = 0.8r                 #连接的半径
bezier_ radius = 0r   #连接线的曲率
color          = black_ a4
thickness      = 2
<rules>   #定义连接规则
<rule>
condition  = var（intrachr）    # intrachr 表示染色体内部
show       = no                 #如果连接在同一染色体内，不显示
</rule>
</rules>
</link>
</links>
<image>
<<include etc/image.conf>>
</image>
```

可以发现 Circos 的配置文件与 html 格式非常相似，由多个不同功能的标签组成，每个标签都必须封闭，一个标签内可以嵌套其他的标签，但不允许交叉嵌套。配置文件通常还会导入其他的配置文件，例如全局的颜色和字体设置。同时，配置文件中，也需要引入相应的数据文件，如定义染色体的核型文件，定义连接的数据文件等。无论是引入其他配置文件还是数据文件，都要注意将被引文件的路径写正确，如果没有表明路径，则默认是当前文件夹。Windows 系统中使用"\"作为目录分隔符，UNIX 系统则使用"/"，Windows 系统中".\"表示当前目，"..\"表示上层目录，同理"..\..\"表示上层的上层目录。circos 配置文件可以自己写，也可以用教程中的模版，而最好的方法是将这两

种方法结合起来。运行 circos 来产生 PNG 和 SVG 格式文件。

四、核型文件

一个 Circos 图像是基于染色体的圆形排列上的，描述性数据在圆形图层内或外。数据类型包括能关联基因组上两个位置的连接数据类型，以及散点图、直方图和热图等。核型文件是 circos 必需的数据文件，它定义了染色体的名称、大小和颜色等。Circos 能够显示你想显示的任何数据，所以这意味着这些数据文件不一定是限制在染色体，只要这些数据符合 circos 的格式要求，就可以显示成一个环。核型文件中还可以定义片段 band（band 数据组必须连续，且从 0 开始并且到染色体最后一个碱基位置），这样，染色体不同的区域就可以显示成不同的颜色块（图 4-5）。上述示例框架中，通过 "karyotype = data/karyotype/karyotype.human.txt" 导入核型文件。配置文件中 chromosomes_ units = 1000000，通过调整该值可以调整刻度的大小。

核型文件定义了每条染色体的大小、ID、标识符和颜色。除了定义染色体，核型文件也可以用来定义细胞遗传学上的带型（band）。核型文件中定义的染色体数据是必需的，其前两列分别是 "chr"（代表是染色体）和 " - "，ID 是染色体的唯一标识，将出现在图像的文本标签。START 和 END 定义了染色体的大小，color 是染色体颜色。核型文件中的带型数据定义和核型数据定义差不多，只是前两列分别为 "band" 和染色体 ID，带型数据要求是连续的数字，也就是说前面一个带的结尾是后面一个带的开始，不然 Circos 会提示错误。

Circos 是被设计去绘制基因组的数据，但这不是一个限制。如果你有任何的位置数据可以用来组成圆形，那么你可以定义一个抽象的染色体去实现你的要求。

核型和带型（band）数据文件的格式为：
chr-ID 号 标识符 起始位点 终点位置 颜色
如：
chr-hs1 1 0 249250621 chr1
chr-hs2 2 0 243199373 chr2
chr-hs3 3 0 198022430 chr3
....
chr-hs22 22 0 51304566 chr22
chr-hsX x 0 155270560 chrx
chr-hsY y 0 59373566 chry

band ID 号 band ID band 标识符 起始位点 终点位置 颜色
如：
band hs1 p36.33 p36.33 0 2300000 gneg
band hs1 p36.32 p36.32 2300000 5400000 gpos25
band hs1 p36.31 p36.31 5400000 7200000 gneg
band hs1 p36.23 p36.23 7200000 9200000 gpos25
band hs1 p36.22 p36.22 9200000 12700000 gneg

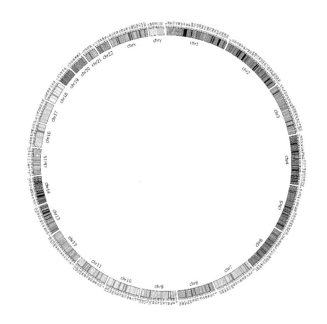

图 4-5　人类染色体核型和带型示意图

……………………………

band hs1 q42.2 q42.2 230700000 234700000 gpos50
band hs1 q42.3 q42.3 234700000 236600000 gneg
band hs1 q43 q43 236600000 243700000 gpos75
band hs1 q44 q44 243700000 249250621 gneg

五、ideogram 标签

<ideogram></ideogram>标签中包括的参数是 radius（半径），thickness（线条的宽度）和 fill（填充颜色）。另外，<spacing>用来来定义间隔。可以通过 chromosomes_radius 定义个别染色体的半径，如：chromosomes_radius = hs4：0.9r 表示半径的 0.9 倍大小。使用染色体 ID，可以调整同染色体在图形中出现的顺序，例如下面的顺序：

chromosomes = hs1；hs2；hs3

六、连接

连接 Links 是将同一个染色体或者不同的染色体的两个区间关联起来，它们可以被绘制成线型或者彩虹状，连接需要额外的数据文件。连接是定义在<link>中的，并每个单独的连接都封装在<links>中。连接的起始端是在 radius 所指定的地方，并 bezier_radius 来设定曲线的曲率（弯曲程度）上述示例中，通过"file = data/5/segdup.txt"引入 link

的数据文件，link 数据文件中，每一行定义了一个连接的起点和终点，以及一些参数（如，颜色，线的宽度等），link 数据文件的格式为：

```
染色体 染色体起点    染色体终点 染色体染色体起点    染色体终点 选项
hs1 71096 76975  hs5 180757371 180763176 thickness = 5
hs1 81120 121223  hs2 242710710 242751148 thickness = 5
hs1 511233 512350  hs1 81120 82255 thickness = 5
hs1 393913 406463  hs1 82251 94671
hs1 82251 88312  hs4 119558636 119564783
hs1 100446 130259  hs5 180682960 180711966
hs1 100446 130259  hs1 626810 655747
hs1 116091 121750  hs7 55828312 55834013 color = blue
hs1 116098 127830  hs7 56392722 56405252 color = blue
hs1 120851 164343  hs7 128044540 128086201 color = blue
hs1 120975 125718  hs1 220708073 220712741 color = blue
```

七、图像输出

Circos 可以生产 PNG 和 SVG 两种格式的图片。SVG 是目前非常流行的图像文件格式，它的英文全称为 Scalable Vector Graphics（可缩放的矢量图形）。SVG 是一种开放标准的矢量图形语言，用户可以直接用代码来描绘图像，可以用任何文字处理工具打开 SVG 图像，通过改变部分代码来使图像具有交互功能，并可以插入到网页中通过浏览器来观看。SVG 与 JPEG 和 GIF 图像比起来，尺寸更小，压缩性更强，图像可在任何的分辨率下被高质量地打印，SVG 图像中的文本是可选的，同时也是可搜索的。Circos 通过 perl 产生的图像，可以通过配置文件中的以下参数进行设置。

```
< image >
dir     = . 图像输出路径，默认是当前目录
#dir    = conf（configdir）
file    = circos.png  图像输出的文件名
png     = yes
svg     = yes
# radius of inscribed circle in image  图像大小，半径增加，图像分辨率也增加
radius          = 1500p

# by default angle = 0 is at 3 o'clock position
angle_ offset       = − 90

#angle_ orientation = counterclockwise
auto_ alpha_ colors = yes
```

```
auto_ alpha_ steps    = 5
</image>
```
以上是 <image> 配置内容,半径是 1 500 像素,相应图片大小为 3 000 像素 × 3 000 像素。

八、直方图

Circos 还可以通过线、散点、直方图和热图表示基因组特定位置的数据分布情况(图 4-6)。这些图形具有相同的数据格式:

```
#染色体 起始 终止 值 [选项]
...
hs1 6000000 7999999 5.0000
hs1 8000000 9999999 11.0000
hs1 10000000 11999999 1.0000
hs1 12000000 13999999 150.0000
hs1 14000000 15999999 2.0000
hs1 16000000 17999999 169.0000
...
```

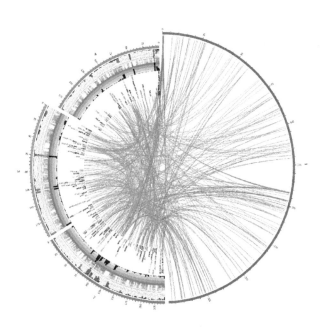

图 4-6 Circos 中的直方图、热图

可选项域能够关联一个数据点的一个参数,像颜色、ID 等。格式参数被用作去重写数据点该如何去展示。

```
hs1 6000000 7999999 5.0000fill_color = blue
hs1 8000000 9999999 11.0000 id = abc
```

直方图是定义在 < plots > 中的一个 < plot > 块。

```
< plots >
  < plot >
    type = histogram
    ...
  </ plot >
  < plot >
    type = histogram
    ...
  </ plot >
</ plots >
```

这些图形通过 r1 和 r0 控制图形的位置区域（大于 1 表示在染色体圆的外面，小于 1 表示在染色体圆环的内部），通过 orientation = in | out 设置方向是向外还是向内。

```
color           = black
thickness       = 1
r1              = 0.89r
r0              = 0.8r
orientation     = out
```

九、Highlights 图

在染色体环的其他半径位置，可以添加表示基因组特定序列（如转座子等）的其他环，这些环可以通过在 Circos 配置文件中添加 < highlights > < highlight > </highlight > </ highlights > 标签实现（图 4 – 7）。

```
< highlights >
z = 0
# fill_color = green          #颜色设置，这里的颜色将覆盖数据中设定的颜色

< highlight >
file      = highlight.txt      #导入 highlights 的数据文件
r0        = 0.7r               #通过 r0 和 r1 设置 highlight 环的位置
r1        = 0.7r + 200p
</ highlight >
< highlight >
```

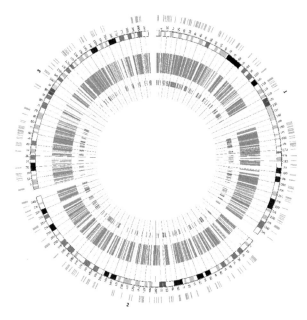

图 4-7　Circos 中的 highlight 图

#＜highlights＞＜/highlights＞标签内部可以有多个＜highlight＞＜/highlight＞标签,这样就可以在染色体周边绘制多个环,环的位置通过 r0 和 r1 进行设置,需要让多个环在相同的半径上,设置
#相同的 r0 和 r1 即可。

＜/highlight＞

＜/highlights＞

Highlights 的数据格式为:染色体 ID,起始位点,终点,Highlights 数据中还可以添加颜色设置和半径设置,如果同时在配置文件中设置了颜色和半径,那么数据中的颜色和半径将被覆盖。

```
hs1 100233463 100687964 fill_ color = red
hs1 100390634 100958420 fill_ color = red
hs1 100910528 101333006 fill_ color = red
hs1 102915582 103546640 fill_ color = red
hs1 103799824 104208695 fill_ color = red
hs1 103831563 104240435 fill_ color = red
hs1 103893962 104302833 fill_ color = red
```

或者

```
hs1 107715312 108509061 fill_ color = red, r0 = 0.6r, r1 = 0.6r + 50p
hs1 108890830 109353671 fill_ color = red, r0 = 0.6r, r1 = 0.6r + 50p
hs1 109856387 110262411 fill_ color = red, r0 = 0.6r, r1 = 0.6r + 50p
```

十、容易出现的问题

（1）Circos 绘图中，如果选用官方教程中使用的配置文件，要注意不同数据文件中染色体标号的统一。在学习或测试的过程中，经常使用教程中的核型文件，而使用自己的直方图、highlight 或连接数据，但是这些文件中，有些使用的是 chr，有的则是 Chr 或其他，这些 ID 的差异就导致不能识别，进而造成绘图失败。

（2）数据太少导致绘图不明显。基因组通常有上亿个碱基，而在测试或学习过程中，通常只准备很少的数据，这样就会造成在图像中显示不明显，从而让人感觉绘图失败。

（3）配置文件中的设置会覆盖数据文件中的设置。

（4）注意数据格式，如：band 数据中，直接写颜色即可，而在 Highlights 数据中，格式为 fill_ color = red，因此要严格参考教程数据的格式。

参考文献

[1] 刘震, 张国强, 卢全伟, 等. 转座子的分类与生物信息学分析 [J]. 农技服务, 2016 (8)：29.

[2] 代红艳, 张志宏. 植物转座元件及其分子标记的研究进展 [J]. 农业生物技术学报, 2006 (3)：434 – 439.

[3] 孙海悦, 张志宏. 植物基因组中微型反向重复转座元件研究进展 [J]. 西北植物学报, 2007 (12)：2 571 – 2 576.

[4] 程旭东, 凌宏清. 植物基因组中的非 LTR 反转录转座子 SINEs 和 LINEs [J]. 遗传, 2006 (6)：731 – 736.

[5] 汪浩. 植物基因组 LTR 反转录转座子注释和比较研究 [D]. 上海：复旦大学, 2008.

[6] 王子成, 李忠爱, 邓秀新. 植物反转录转座子及其分子标记 [J]. 植物学通报, 2003 (3)：287 – 294.

[7] 郭玉双, 陈静, 张建华, 等. 植物 LTR 类反转录转座子在植物基因组学研究中的应用 [J]. 黑龙江农业科学, 2011 (11)：139 – 142.

[8] 侯小改, 张曦, 郭大龙. 植物 LTR 类反转录转座子序列分析识别方法 [J]. 遗传, 2012 (11)：1 507 – 1 516.

[9] 虞洪杰. 植物 LTR 反转录转座子的预测和注释及邻聚法构建系统进化树研究 [D]. 杭州：浙江大学, 2011.

[10] 许红恩, 张化浩, 韩民锦, 等. 真核生物转座子鉴定和分类计算方法 [J]. 遗传, 2012 (8)：1 009 – 1 019.

[11] 马忠友, 苏京平, 孙林静, 等. 微型反向重复转座元件（MITE）靶区域扩增多态性：一种基于 MITE 的分子标记方法在水稻及其他植物上的应用 [J]. 中国水稻科学, 2007 (5)：459 – 463.

[12] 况露露. 桑树 LINE 反转录转座子的特征及相关基因分析 [D]. 重庆：西南大学, 2016.

[13] 张化浩. 家蚕基因组中转座子的水平转移 [D]. 重庆：重庆大学, 2014.

[14] 许红恩, 韩民锦, 张化浩, 等. 家蚕 LTR 逆转录转座子的鉴定、分类及系统发育分析 [J].

昆虫学报, 2011 (11): 1 211 - 1 222.
[15] 蒋爽.基于反转录转座子标记的梨属植物亲缘关系研究 [D]. 杭州: 浙江大学, 2015.
[16] 崔飙奎, 曹晓风.高等植物转座元件功能研究进展 [J]. 生物化学与生物物理进展, 2015 (11): 1 033 - 1 046.
[17] 马跃.草莓基因组中 LTR 反转录转座子的分离和鉴定 [D]. 沈阳: 沈阳农业大学, 2008.
[18] Tarailo-Graovac M, Chen N. Using RepeatMasker to identify repetitive elements in genomic sequences [EB/OL]. Curr Protoc Bioinformatics, 2009, Chapter 4 Unit 4 10.
[19] Tempel S. Using and understanding RepeatMasker [J]. Methods Mol Biol, 2012 (859): 29 - 51.
[20] Seberg O, Petersen G. A unified classification system for eukaryotic transposable elements should reflect their phylogeny [J]. Nat Rev Genet, 2009, 10 (4): 276.
[21] Wicker T, Sabot F, Hua-Van A, et al. A unified classification system for eukaryotic transposable elements [J]. Nat Rev Genet, 2007, 8 (12): 973 - 982.
[22] Greenblatt I M, Brink R A. Twin Mutations in Medium Variegated Pericarp Maize [J]. Genetics, 1962, 47 (4): 489 - 501.
[23] Abrusan G, Grundmann N, Demester L, et al. TEclass——a tool for automated classification of unknown eukaryotic transposable elements [J]. Bioinformatics, 2009, 25 (10): 1 329 - 1 330.
[24] Bureau T E, Wessler S R. Stowaway: a new family of inverted repeat elements associated with the genes of both monocotyledonous and dicotyledonous plants [J]. Plant Cell, 1994, 6 (6): 907 - 916.
[25] Kramerov D A, Vassetzky N S. Short retroposons in eukaryotic genomes [J]. Int Rev Cytol, 2005, 247 165 - 221.
[26] Kapitonov V V, Jurka J. Rolling-circle transposons in eukaryotes [J]. Proc Natl Acad Sci U S A, 2001, 98 (15): 8 714 - 8 719.
[27] Jaaskelainen M, Mykkanen A H, Arna T, et al. Retrotransposon BARE - 1: expression of encoded proteins and formation of virus-like particles in barley cells [J]. Plant J, 1999, 20 (4): 413 - 422.
[28] Jurka J, Kapitonov V V, Kohany O, et al. Repetitive sequences in complex genomes: structure and evolution [J]. Annu Rev Genomics Hum Genet, 2007, 8 (1): 241 - 259.
[29] Evgen'ev M B, Arkhipova I R. Penelope-like elements——a new class of retroelements: distribution, function and possible evolutionary significance [J]. Cytogenet Genome Res, 2005, 110 (1 - 4): 510 - 521.
[30] Sanmiguel P, Gaut B S, Tikhonov A, et al. The paleontology of intergene retrotransposons of maize [J]. Nat Genet, 1998, 20 (1): 43 - 45.
[31] Feschotte C, Pritham E J. Non-mammalian c-integrases are encoded by giant transposable elements [J]. Trends Genet, 2005, 21 (10): 551 - 552.
[32] Biedler J, Tu Z. Non-LTR retrotransposons in the African malaria mosquito, Anopheles gambiae: unprecedented diversity and evidence of recent activity [J]. Mol Biol Evol, 2003, 20 (11): 1 811 - 1 825.
[33] 温小杰, 张学勇, 郝晨阳, 等.MITE 转座元件在植物中的研究进展 [J]. 中国农业科学, 2008 (8): 2 219 - 2 226.
[34] Pritham E J, Putliwala T, Feschotte C. Mavericks, a novel class of giant transposable elements

widespread in eukaryotes and related to DNA viruses [J]. Gene, 2007, 390 (1 - 2): 3 - 17.

[35] Bedell J A, Korf I, Gish W. MaskerAid: a performance enhancement to RepeatMasker [J]. Bioinformatics, 2000, 16 (11): 1 040 - 1 041.

[36] 曾凡春. LTR 反转录转座子注释软件开发及其在植物基因组进化研究中的应用 [D]. 昆明: 昆明理工大学, 2014.

[37] Ellinghaus D, Kurtz S, Willhoeft U. LTRharvest, an efficient and flexible software for de novo detection of LTR retrotransposons [J]. BMC Bioinformatics, 2008, 9 (1): 1 - 18.

[38] Lerat E. Identifying repeats and transposable elements in sequenced genomes: how to find your way through the dense forest of programs [J]. Heredity (Edinb), 2010, 104 (6): 520 - 533.

[39] Ostertag E M, Kazazian H H. Genetics: LINEs in mind [J]. Nature, 2005, 435 (7044): 890 - 891.

[40] Morgante M, Brunner S, Pea G, et al. Gene duplication and exon shuffling by helitron-like transposons generate intraspecies diversity in maize [J]. Nat Genet, 2005, 37 (9): 997 - 1002.

[41] Feschotte C, Keswani U, Ranganathan N, et al. Exploring repetitive DNA landscapes using REPCLASS, a tool that automates the classification of transposable elements in eukaryotic genomes [J]. Genome Biol Evol, 2009 (1): 205 - 220.

[42] Finnegan D J. Eukaryotic transposable elements and genome evolution [J]. Trends Genet, 1989, 5 (4): 103 - 107.

[43] Nassif N, Penney J, Pal S, et al. Efficient copying of nonhomologous sequences from ectopic sites via P-element-induced gap repair [J]. Mol Cell Biol, 1994, 14 (3): 1 613 - 16 25.

[44] Joly-Lopez Z, Bureau T E. Diversity and evolution of transposable elements in Arabidopsis [J]. Chromosome Res, 2014, 22 (2): 203 - 216.

[45] Bergman C M, Quesneville H. Discovering and detecting transposable elements in genome sequences [J]. Brief Bioinform, 2007, 8 (6): 382 - 392.

[46] Goodwin T J, Butler M I, Poulter R T. Cryptons: a group of tyrosine-recombinase-encoding DNA transposons from pathogenic fungi [J]. Microbiology, 2003, 149 (Pt 11): 3 099 - 3 109.

[47] Flutre T, Duprat E, Feuillet C, et al. Considering transposable element diversification in de novo annotation approaches [J]. PLoS One, 2011, 6 (1): e16 526.

[48] Capy P. Classification and nomenclature of retrotransposable elements [J]. Cytogenet Genome Res, 2005, 110 (1 - 4): 457 - 461.

[49] Naquin D, D'aubenton-Carafa Y, Thermes C, et al. CIRCUS: a package for Circos display of structural genome variations from paired-end and mate-pair sequencing data [J]. BMC Bioinformatics, 2014, 15 (1): 1 - 6.

[50] Krzywinski M, Schein J, Birol I, et al. Circos: an information aesthetic for comparative genomics [J]. Genome Res, 2009, 19 (9): 1 639 - 1 645.

[51] Wicker T, Guyot R, Yahiaoui N, et al. CACTA transposons in Triticeae. A diverse family of highcopy repetitive elements [J]. Plant Physiol, 2003, 132 (1): 52 - 63.

[52] Janicki M, Rooke R, Yang G. Bioinformatics and genomic analysis of transposable elements in eukaryotic genomes [J]. Chromosome Res, 2011, 19 (6): 787 - 808.

[53] Mcclintock B. The Association of Mutants with Homozygous Deficiencies in Zea Mays [J]. Genetics, 1941, 26 (5): 542 - 571.

[54] Huda A, Jordan I K. Analysis of transposable element sequences using CENSOR and RepeatMasker

[J]. Methods Mol Biol, 2009, 537: 323-336.

[55] Wicker T, Stein N, Albar L, et al. Analysis of a contiguous 211 kb sequence in diploid wheat (Triticum monococcum L.) reveals multiple mechanisms of genome evolution [J]. Plant J, 2001, 26 (3): 307-316.

[56] Hua-Van A, Le Rouzic A, Maisonhaute C, et al. Abundance, distribution and dynamics of retro-transposable elements and transposons: similarities and differences [J]. Cytogenet Genome Res, 2005, 110 (1-4): 426-440.

第五章 生物信息学资源

生物信息学计算所需要的所有信息均由计算机和 Internet 来进行储存、传输和分析。Internet 为我们提供大量的有关生物大分子序列、结构和功能的数据、软件、文献及分析操作的相关资源。充分利用这些资源是生物信息学的基础。在此，我们将简要介绍这些资源的使用。

第一节 网络资源

一、在线工具链接 Expasy

Expasy（http：//www.expasy.org/）是由瑞士生物信息研究所（SIB）维护的生物信息学分析平台，整合了很多数据资源和分析工具。大量的生物信息学在线分析工具为数据分析提供了方便，但同时也让人陷入不知从何开始的困惑，Expasy 将这些工具依据多种分类方法进行整理，如：按照分析对象（DNA、蛋白质、基因组、蛋白质结构）进行分类，按照字母表顺序进行分类（图 5 - 1）。

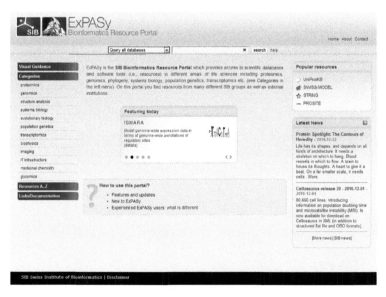

图 5 - 1 Expasy 资源分类方法

二、常用生物软件分类与下载

生物软件网（http://www.bio-soft.net）提供各种软件方面的服务，首先该网站可下载的软件均为免费软件、共享软件或可以使用的商业软件演示版，生物软件网将这些软件按照功能进行分类，并对每一个软件进行简单的中文介绍，在选择所需软件时非常方便。此外，该网站还可以帮助代购一些共享软件和商业软件。类似的中文资料还有生物学软件大全（http://www.plob.org）和生物帮软件（http://soft.bio1000.com/）等也提供生物信息学在线分析工具和软件的下载链接（图5-2）。

图5-2 生物软件网中的软件分类

三、生物信息学中文论坛

论坛也称为 BBS（Bulletin Board System），有时候还翻译成"电子公告板"，是指具有共同兴趣爱好的一个群体围绕某一话题进行讨论网络交流系统，如：用户只需简单地把文件置于 BBS 系统，其他用户就可以极其方便地下载这些文件。目前，比较流行的生物信息学中文论坛有：

（1）生物信息学天空（http：//www.bioxxx.cn），包含了比较前沿的研究方向，如：基因组、蛋白组、代谢组、转录组、系统生物学、算法编程、计算机应用、课程、考研和就业等（图 5-3）。

（2）生物统计家园（http：//www.biostatistic.net），主要是与生物信息学相关的统计软件内容，如 R 语言、MatLab、SAS、SPSS 等。

（3）丁香园（http：//www.dxy.cn/），生物医学综合性网站，旗下的丁香论坛也是生物医学综合论坛，其中的生物信息学板块包含了很多生物信息学资料。

（4）生物谷（http：//www.bioon.com/）。

（5）小木虫（http：//muchong.com/）。

图 5-3　生物信息学天空基因组学讨论区

第二节 期刊与机构

一、生物信息学期刊

Briefings in Bioinformatics (http://bib.oxfordjournals.org/)，当前影响因子8.399，是生命科学研究者和教育工作者的国际论坛。该期刊发表通过数学、统计学和计算机科学解决生物学问题的文章，该期刊也发表遗传学、分子生物学和系统生物学相关的数据库和分析工具。生物信息学领域的发展速度很快，这本期刊紧跟当前的进展，并预计未来的发展，是生物信息学领域的重要资源。

BMC Bioinformatics (http://bmcbioinformatics.biomedcentral.com/) BMC 是生物信息学的综合期刊，收录分析各种生物学数据的计算和统计方法。当前影响因子1.463。

Bioinformatics 是生物信息学领域的领先期刊，其主要的焦点是基因组生物信息学和计算生物学研究。前者报告有趣的生物学新发现，后者探索应用于实验的计算方法（图5-4）。

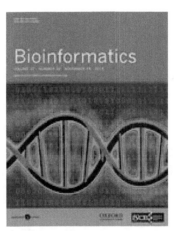

图5-4 生物信息学期刊

二、生物信息学机构

欧洲生物信息研究所（EMBL-EBI）建立于1994年，管理和维护着多个大型生物信息公共数据库，跨基因组学，蛋白质组学，化学信息学，转录组学，系统生物学等，同时创建了多种生物信息学工具。欧洲生物信息研究所为生物信息学提供了一个优质而独特的研究环境。该所研究兴趣广泛，研究与服务相辅相成。研究小组旨在通过研究开发新方法来解释阐述生物数据，了解其生物学的意义。服务队伍在维护和加强现有数据资源的同时研究开发新的服务内容（图5-5）。

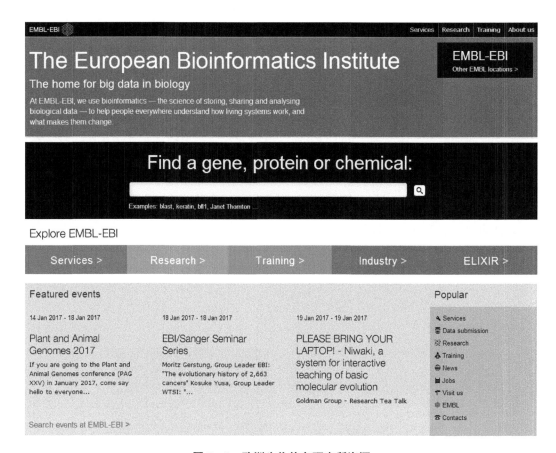

图5-5 欧洲生物信息研究所资源

北京大学生物信息中心（Center for Bioinformatics，CBI）成立于1997年，是我国第一家生物信息中心，也是国内第一家生物信息学专业博士点。中心拥有国际一流水平的教学科研团队，多人入选国家杰出青年、千人计划、青年拔尖人才、青年千人计划等国家级人才计划，长期获得国家重点基础研究发展计划（973）和高技术研究发展计划（863）、自然基金委、教育部等课题的稳定资助。中心成立以来已成功培养出大批优秀的博士研究生。该中心制作的生物信息学MOOC为生物信息学的教育提供了非常优秀的学习资源。

华大基因（http://www.genomics.cn）成立于1999年，是全球最大的基因组学研发机构。华大基因通过建立世界领先的高端仪器研发和制造平台、大规模测序、生物信息、基因检测、农业基因组、蛋白组等技术平台和大数据中心，结合其独特的创新教育和人才培养模式，华大基因践行基础研究、产业应用和教育实践的并行发展。华大基因被顶级学术期刊《自然》评为"世界领先的遗传学研究中心"和"基因组学、蛋白质组学和生物信息分析领域的领头羊"。

第三节 在线小工具

目前,基因查找工具有多种,常见的工具见表 5-1。

一、开放阅读框查找工具 ORF Finder

NCBI 提供的 ORFfinder (https://www.ncbi.nlm.nih.gov/orffinder/) 可以从提交的 DNA 序列中搜寻开放性阅读框,并将编码区翻译成氨基酸序列。ORFfinder 识别多种序列格式,用户需要仔细查看,此外,还可以进一步设置翻译的起始位点和终止位点、起始密码子和翻译密码子等(图 5-6)。按要求提交后,系统通过浏览器返回结果。

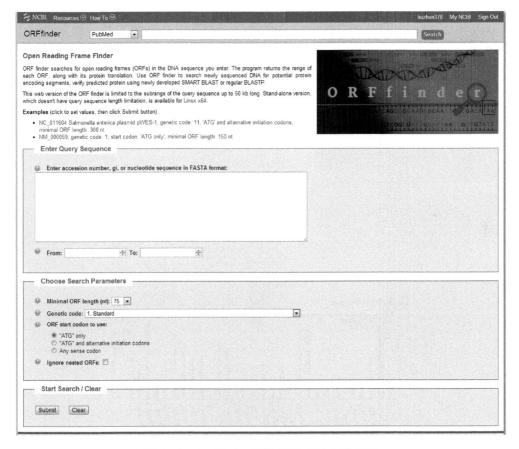

图 5-6　ORFfinder 查找 DNA 序列中的 ORF

ORFfinder 识别的编码区用蓝色表示,用鼠标点击蓝色线框,会出现翻译的具体情况。ORFfinder 共有 6 种结果,这是由于从 DNA 序列翻译成氨基酸序列使用的是"三联体密码",因此一条 DNA 链会有 3 种翻译结果,又因为 DNA 是双链结构,因此共有 6 个翻译结果,一般使用最长的一个。

表5-1 基因查找工具和地址

工具名称	描述	地址
GENSCAN	在线工具	http://genes.mit.edu/GENSCAN.html
GeneFinder	可运行与Windows和Linux操作系统的命令行工具	http://people.virginia.edu/~wc9c/genefinder/
GeneMark	在线工具	http://exon.gatech.edu/GeneMark/
GeneParser	Perl脚本	
GENEID	在线工具	http://genome.crg.es/geneid.html
MZEF	Bioperl	

二、绘制 GO 注释结果

在对基因进行 GO 注释之后，WEGO（Web Gene Ontology Annotation Plot）工具可以对 GO 注释进行图形显示，该工具曾应用在水稻基因组研究中。WEGO 已逐渐成为基因组注释的日常工具，尤其是需要进行比较分析的情况下。WEGO 和 External to GO Query，GO Archive Query 均为免费的工具（图 5-7）。

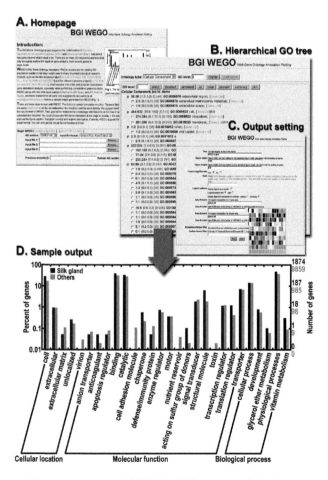

图 5-7 WEGO 图的绘制（引自 WEGO 官方文献）

WEGO 的操作分为三个步骤：登录 http：//wego. genomics. org. cn/cgi-bin/wego/index. pl，上传注释结果（支持 InterProScan 文本、raw 和 XML 格式）；之后，选择感兴趣的 GO terms；最后选择图片的显示方式（格式、颜色等）。

三、蛋白质组成和稳定性分析 ProtParam

ProtParam 工具可以计算蛋白质的多项理化参数，包括：分子量、等电点、氨基酸组成、原子组成、消光系数、半衰期等。ProtParam 是在线工具，使用很简单，登录 http：//web. expasy. org/protparam/，输入需要分析的氨基酸序列，提交之后，即可获得结果页（图 5 - 8）。

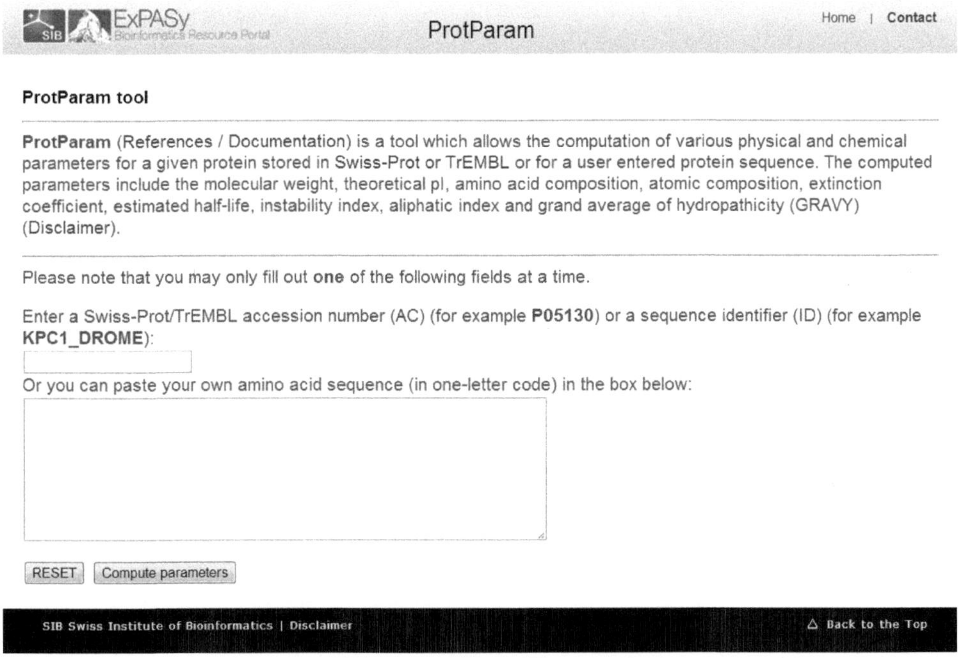

图 5 - 8　ProtParam 分析界面

四、启动子区预测工具 Promoter

启动子是位于结构基因 5′端上游的 DNA 序列，能活化 RNA 聚合酶，使之与模板 DNA 准确地结合并具有转录起始的特异性。启动子是基因的组成部分，像"开关"一样决定着基因的活动。启动子本身并不控制基因活动，而是通过与称为转录因子的蛋白质结合而控制基因活动。Promoter 预测脊椎动物 DNA 序列中转录起始位点，该工具依据神经网络算法和遗传算法。该工具为在线分析工具，地址为：http：//www. cbs. dtu. dk/services/Promoter/（图 5 - 9）。

五、序列 logo

序列 logo 是用图形的方式表示序列比对结果的一种方法。序列 logo 中，每一位点对应蛋

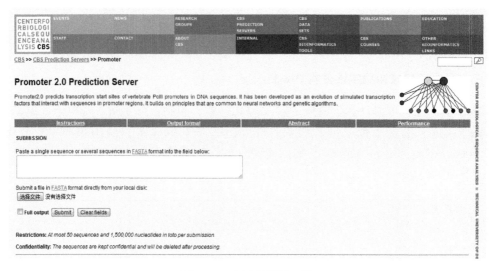

图 5-9 启动子预测工具

白序列的一个氨基酸残基或 DNA 序列的核苷酸，高度表示某一氨基酸残基或核苷酸出现在该位点的概率。通过序列 logo 可以很直观地看出 DNA 或蛋白质序列家族的保守位点。可以通过在线工具 WEBlogo（http://weblogo.berkeley.edu/）制作序列 logo（图 5-10、图 5-11）。

图 5-10 Weblogo 的参数设置

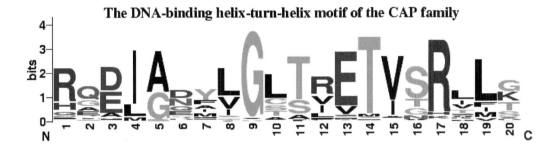

图 5-11　序列 logo 图（引自 weblogo 官网）

六、蛋白质序列综合分析工具 PredictProte

PredictProte（https：//www.predictprotein.org/home）是最早的分子生物学在线分析工具之一。该工具致力于从蛋白质序列预测各种信息，当前，平均每天有来自 110 多个国家的用户提交上千条序列进行分析。PredictProte 的特色是综合分析蛋白质的多项信息，包括：二级结构、跨膜区、二硫键等。预测之前，首先需要注册账号，PredictProte 提供免费和收费两种服务。

七、信号肽

信号肽常指新合成多肽链中用于指导蛋白质跨膜转移和定位的一段氨基酸序列，一般位于 N-末端，由 15~30 个氨基酸组成。SignalP（http：//www.cbs.dtu.dk/services/SignalP/）可以预测给定氨基酸序列中的信号肽剪切位点，该工具依据神经网络算法，使用方法和启动子等在线预测工具类似，在序列提交页面直接上传需要进行预测的氨基酸序列，点击提交，就可以得到结果（图 5-12）。

SignalP 的结果图中，横坐标表示氨基酸残基位点，每个位点对应一个 C 值、一个 S 值和一个 Y 值，其中 Y 值是综合考虑 C 值和 S 值的一个参数，值越大表明该位点是剪切位点的概率就越大。从本例的结果来看，信号肽剪切位点可能是在第 22 和第 23 个残基之间。

除了 SignalP 之外，TargetP（http：//www.cbs.dtu.dk/services/TargetP/）也是一个预测蛋白质信号肽的在线工具。

八、比较分析图绘制工具 VENNY

VENNY（http：//bioinfogp.cnb.csic.es/tools/venny/index.html）是一个比较不同列表异同的工具，最多支持 4 个列表。列表是由一系列的词汇组成，可以通过将所有列表调整为大写或小写而忽略词汇的大小写差异，结果可以清楚地表明不同列表中相同词汇的数量和不同词汇的数量。VENNY 是一个统计学工具，不仅可用于生物学的研究，也可以用于其他领域的绘图（图 5-13）。

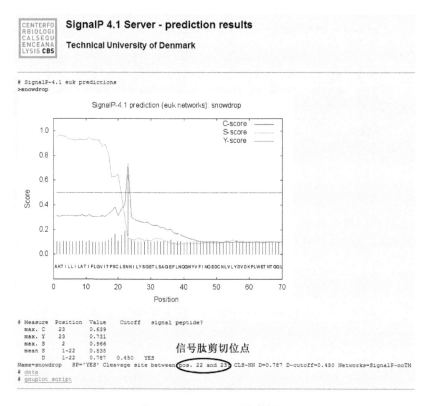

图 5–12　SignalP 预测结果

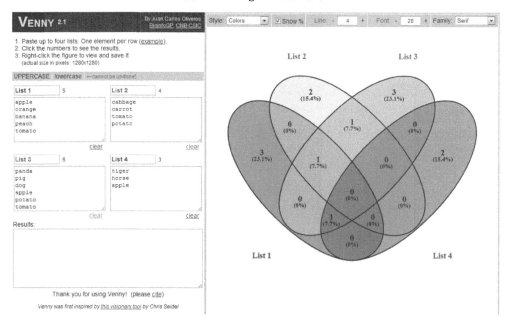

图 5–13　VENNY 操作和结果界面

第四节 生物信息学分析软件

一、EMBOSS

欧洲分子生物学开放软件包（European Molecular Biology Open Software Suite，EMBOSS）是一个开源的序列分析软件包，可从其官方网站（http://emboss.sourceforge.net/）下载使用，在 Windows 和 UNIX 系统上以命令行方式运行，目前也已经有基于图形界面的 EMBOSS。该软件包源于1988年开始开发的 EGCG 系统，整合了目前可以获得的大部分序列分析软件，并有一套专门设计的 C 语言库函数。

EMBOSS 序列比对的工具包括 needle、water、dotplot，可以进行序列比较与作图。核酸分析工具包括 remap、sixpack、dan、einverted、infoseq、seqret、coderet、plotorf、getorf 等，其中，remap 用来显示限制性酶切位点及翻译等情况，sixpack 用6种阅读框翻译 DNA 序列，dan 用来计算杂交链熔解温度，einverted 可以找出 DNA 中的反向重复序列，infoseq 用来显示序列的概要信息，getorf 可以直观地以多种不同的方式显示序列中的开放阅读框。蛋白质分析工具有 tmap、garnier、pepinfo、pepstats 等，其中 tmap 用来查看蛋白质的跨膜区，garnier 是一个预测蛋白质序列二级结构的工具，pepinfo 的分析结果列出了分子量、氨基酸数量、氨基酸残基的平均分子量、等电点以及电荷等信息。此外，还有很多有用的工具，如：extractseq，可用于截取一段序列。当前版本的 EMBOSS 提供了近200个应用程序，通过使用 Perl 语言的 system 函数调用 EMBOSS 的分析命令，可以完成一些批量分析的任务。为方便用户，可以通过以下一些命令解决 EMBOSS 运行过程中的问题：

(1) wossname keywords：查找与 keywords 相关的命令。
(2) seealso 命令：查找与 EMBOSS 的某个命令相关的命令。
(3) embossdata 找到或取出用 EMBOSS 程序读入的数据文件。
(4) embossversion 显示出当前 EMBOSS 的版本号。
(5) programname-help 给出该程序的可用参数。

二、EMBOSS 运行示例

以下通过 dotdup 命令示例绘制两条序列 dotplot 图的操作步骤：
(1) 打开 DOS 命令窗口，输入"dottup-help"查看 dotplot 的参数。

```
C:\Users\lenovo>dottup-help
Display a wordmatch dotplot of two sequences
Version: EMBOSS: 6.5.0.0

    Standard (Mandatory) qualifiers (* if not always prompted):
    [-asequence]           sequence    Sequence filename and optional format, or
                                       reference (input USA)
```

[- bsequence]   sequence   Sequence filename and optional format, or reference (input USA)
- wordsize   integer   [10] Word size (Integer 2 or more)
* - graph   graph   [$ EMBOSS_ GRAPHICS value, or win3] Graph type (ps, meta, cps, none, data, png, win3, pdf, svg)
* - xygraph xygraph [$ EMBOSS_ GRAPHICS value, or win3] Graph type (ps, meta, cps, none, data, png, win3, pdf, svg)

Additional (Optional) qualifiers (* if not always prompted):
* - [no] boxit   boolean   [Y] Draw a box around dotplot

Advanced (Unprompted) qualifiers:
- stretch   toggle   [N] Use non-proportional axes
General qualifiers:
- help   boolean   Report command line options and exit. More information on associated and general qualifiers can be found with-help-verbose

(2) 从参数说明可以了解到，dottup 需要三个参数 [- asequence]、[- bsequence] 和 - wordsize，因此，在 D 盘 dot 的目录下，新建两个文本文件，分别存放两个 fasta 格式的序列，并将后缀 txt 修改为 fasta。- wordsize 设置为 5，图片格式设置为 png。

文件 1：a. fasta
>a
MAKASLLILAAIFLGVITPSCLSDNILYSGETLSTGEFLNYGSFVFIMQEDCNLVLYDVDKPI-
WATNTGGLSRSCFLSMQTDGNLVVYNPSNSPIWASNTGGQNGNYVCILQKDRNVVIYGTDRWA-
TGTHTGLVGIPASPPSEKYPTAGKIKLVTAK

文件 2：b. fasta
>b
MLKASTTILAAIFLGVITPSCLSDNILYSGETLSTGEFLNYGSFVFIMQEDCNLVLYDVDKPIW-
ATNTGGLSRSCFLSMQTDGNLVVYNPSNKPIWASNTGGQNGNYVCILQKDRNVVIYGTDRWAT-
GTHTGLVGIPASPPSEKYPTAGKIKLVTAK

(3) 将当前目录转移到 D：\ dot，然后输入"dottup a. fasta b. fasta-wordsize 5 - graph png"。

D：\ dot > dottup a. fasta b. fasta-wordsize 5 - graph png
Display a wordmatch dotplot of two sequences

Created dottup. 1. png
D：\ dot >

（4）可以看到 D：\ dot 文件夹中添加了一个结果文件 dottup. 1. png（图 5 – 14、图 5 – 15）。

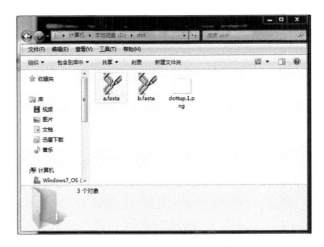

图 5 – 14 dottup 结果文件

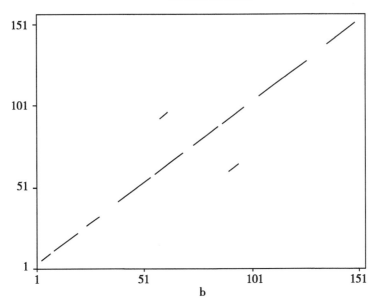

图 5 – 15 dottup 序列比对结果图

EMBOSS 的序列储存在数据库内或是以纯文本存于文件内，不支持 Word 等二进制处理的文件格式，当前的 EMBOSS 支持 42 种格式，包括 Clustal、EMBL、GCG、GenBank、

PIR、MSF、Phylip、SwissProt 等，默认的序列格式是 fasta，程序的输出格式可以通过环境变量的设置来改变。

三、综合序列分析软件 DNAstar

分子生物学综合性分析软件 DNAstar（Lasergene Suite）主要用于 DNA 和蛋白质序列分析和管理，基于 Win 和 Mac 操作系统运行，操作简单但功能强大。DNAstar 由 7 个模块组成：EditSeq、GeneQuest、Protean、MapDraw、MegAlign、PrimerSelect 和 SeqMan。EditSeq 用于导入序列，进行一些基础的分析，并可以将导入的序列保存为其他格式；GeneQuest 用于核酸序列的分析；Protean 用于蛋白质序列的分析；MapDraw 用于绘制酶切图谱；MegAlign 用于序列比对；PrimerSelect 用于引物设计；SeqMan 用于序列组装。

EditSeq 的操作

打开 EditSeq 之后可以看到一个空白的粘贴板，可以将需要分析的序列复制到这里或直接用键盘输入，需要注意的是，这里默认的是 DNA 序列，如果你输入的是蛋白质序列，将会有一些错误提示。因此，如果需要输入的是蛋白质序列，可以先将这个空白的粘贴板关闭，然后通过 file-new-new protein 从新打开一个蛋白质的粘贴板进行输入。File-open 命令可以直接打开 seq 和 pro 两种格式的序列。

在利用 EditSeq 进行分析的操作过程中，需要先将要分析的序列选中才可以，否则菜单中的分析命令将会是灰色的。对于 DNA 序列，可以通过 EditSeq 查找其 ORF（search-find ORF），在查找到所需的 ORF 之后，可以通过（Goodies-Translate DNA）进行翻译。此外，Goodies 菜单中的 Reverse Complement 命令可以得到选中序列的选反向互补序列，Reverse Sequence 命令可以得到选中序列的反向序列，DNA Statistics 可以得到 DNA 序列的统计分析结果。Edit 菜单下的 To Uppercasd/To Lowercase 可以转换选中序列的大小写。

EditSeq 序列校读能够帮你读出选中的序列，单击校对发音图标（序列窗口底部张开的嘴），或者从 Speech 菜单选 Proof-Read Sequence。电子音声就会开始朗读所选的序列（注意打开计算机音响）。要改变音声 read-back 的速度，从 Speech 菜单，选择 Faster or Slower，要停止校读，点击图标（手），或者从 Speech 菜单，选择 Proof-Read Sequence。

通过 file-save 命令可以保存序列，EditSeq 保存的格式为 pro（蛋白质）或 seq（核酸），这种格式在 DNAstar 的其中模块中可以直接打开；如果需要以 GenBank、GCG 或 Fasta 格式保存序列，可以通过 File-Export 命令（图 5-16）。

GeneQuest 的操作

在使用 GeneQuest 进行分析之前，首先需要向程序输入序列，可以通过 GeneQuest 的 file-open 打开，但是该命令默认的序列格式是 dad，而前面我们通过 EditSeq 保存的是 seq 格式，因此，需要在文件类型下拉框中选择 seq 格式或者 all of the above，否则将找不到序列。GeneQuest 能直接打开 ABI 和 GenBank 格式，其他格式的序列文件可以使用 EditSeq 改为 DNASTAR 的 seq 格式（图 5-17）。

打开序列之后，GeneQuest 默认显示的是序列的 ORF 区域，通过一个长方形的框表

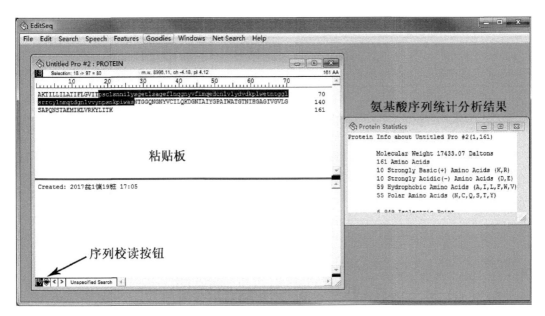

图 5-16　EditSeq 的操作窗口

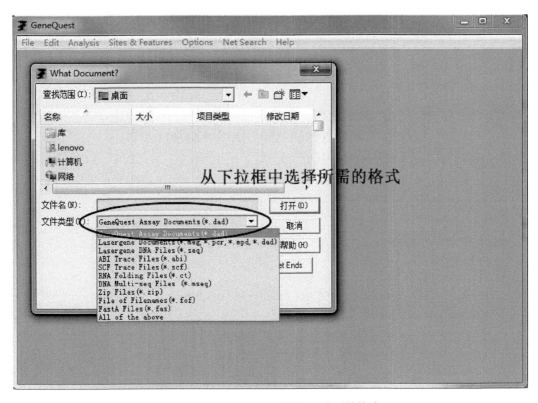

图 5-17　GeneQuest 选择打开序列的格式

示,要获得 DNA 序列的其他特征,就需要使用 DNAstar 的方法窗帘(method curtain)操作了。调用 GeneQuest 方法的步骤是：从 More Methods 中选择方法，加入方法窗帘，再选择性地将方法拖拽放入分析界面即可（图 5-18、图 5-19）。

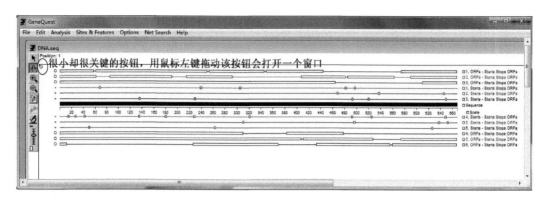

图 5-18　GeneQuest 窗帘位置

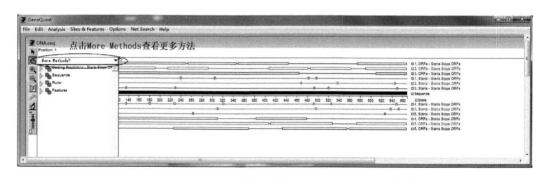

图 5-19　DNAstar 的方法窗帘（method curtain）操作

方法窗帘主要包括以下分析内容：

　　Title：序列命名

　　Ruler：添加标尺

　　Sequence：显示序列

　　Patterns-Matrix：运算参数

　　Patterns-Signal：转录因子结合位点数据库

　　Patterns-Type-In Patterns：使用键盘输入所需的 Pattern 参数

　　Repeats-Inverted Repeats：寻找反向重复序列

　　Repeats-Dyad Repeats：寻找 Dyad 重复和 palindromes

　　Repeats-Direct Repeats：寻找正向重复序列

　　GeneFinding-DNA Finder：在打开的 DNA 序列中寻找指定 DNA 序列。分别显示正义、反义连结果

　　Gene Finding-Protein Finder：在打开的蛋白质序列中寻找 DNA 的翻译序列。显示结果为全部 6 个读框

　　Coding Prediction-Borodovsky：用 Borodovsky's Markov 方法来识别潜在的基因编码区，并以图

形展示

　　Bent DNA-Bending Index-DNA：DNA 折叠预测

　　从 Net Search 菜单选 BLAST Selection，会出现左面的 BLAST 对话框，在网络畅通的前提下，可以进行 Blast 搜索。此外，通过 Analysis 菜单选 Fold as RNA，以 RNA 折叠形式查看序列。

　　GeneQuest 可以模拟序列的酶切和凝胶电泳。打开方法窗帘，从 More Methods 中选择 Enzymes-Restriction Map，单击图标左边的蓝色三角形，查看内切酶列表，默认状态是所有的酶都被选中了，在空白处单击一下去除选定，然后再选定特定的酶，拖入分析界面，即可以看见该酶的酶切位点在序列上的位置（注意选择酶切次数合适的酶）。从 Sites & Features 菜单选泽 Agarose Gel Simulation，程序会在一个新窗口显示酶切片段的电泳分离情况（图 5-20）。

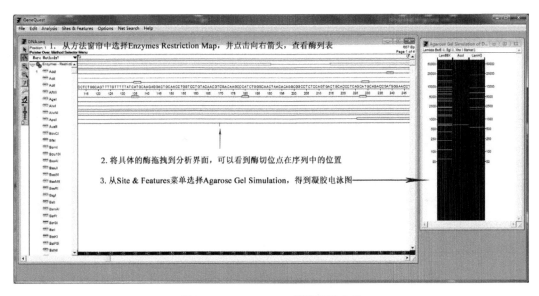

图 5-20　GeneQuest 模拟凝胶电泳

Protean 的操作

　　Protean 可通过多种方法分析蛋白质性质并以图形化的方式展示出来，各类方法按照科学概念进行分类，可以按照任何顺序在 Protean 文件上展示各种方法计算的结果。另外，Protean 可以输入来自蛋白质数据库中标注序列特点，而且允许注释新的特点。Protean 的方法窗帘主要包括以下分析内容：

　　Title：序列命名
　　Ruler：添加标尺
　　Sequence：显示序列
　　Protease Map：氨基酸序列上的蛋白酶酶切位点，并且显示酶切图谱

Secondary structure-Coiled Coil：预测跨膜区螺旋

Secondary structure-Garnier Robson：计算特定氨基酸残基在特定结构内部的可能性

Secondary structure-Deleage Roux：蛋白质的二级结构预测

Secondary structure-Chou Fasman：预测蛋白质二级结构

Hydropathy-Goldman Engleman Steitz：预测跨膜的非极性阿尔法螺旋

Hydropathy-Kyte Doolittle：根据氨基酸组成预测蛋白质的疏水区和亲水区

Hydropathy-Hopp Woods：通过计算蛋白质序列上的最大局部亲水性寻找蛋白质的抗原决定簇

Antigenicity-Sette MHC Motifs：预测短肽上与老鼠 MHC Ⅱ d 型蛋白质相互作用的抗原位点

Antigenicity-AMPHI：根据序列预测免疫优势辅助性 T 淋巴细胞抗原位点

Antigenicity-Rothbard-Taylor：预测含有特定 motif 的潜在 T 淋巴细胞抗原决定簇

Antigenicity-Jameson Wolf：通过联合现有蛋白质结构预测方法预测潜在的蛋白质抗原决定簇

Flexibility-Karplus-Schulz：预测蛋白质骨架区的柔韧性

Protean 能以多种方式展示蛋白质的结构，如螺旋轮、螺旋网和 beta 片层等基本元件的二级结构（图 5-21），以及线性模型或化学模型。从 Analysis 菜单，选择 Model Structures 中的 Helical Wheel，就会出现以螺旋轮形式展示的蛋白质的结构图（图 5-22）。

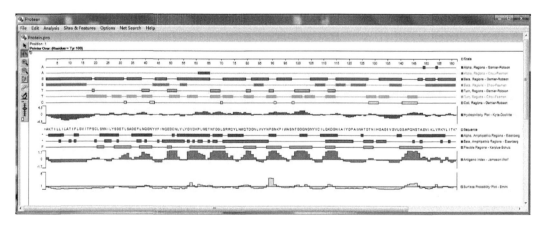

图 5-21　通过 Protean 的方法窗帘获得的蛋白质二级结构分析结果

从 Analysis 菜单，选择 Titration Curve，程序将打开序列的滴定曲线窗口。图 5-23，横坐标表示蛋白质带电荷情况，纵坐标表示溶液的 pH 值，从图中可以看出，当分析的蛋白质所处的容易 pH 值为 6.9 时，蛋白质带电荷为 0，即该蛋白质的等电点是 6.9。

与 GeneQuest 类似，Protean 也可以进行蛋白酶切—电泳分析。

四、分子生物学常用工具简介

Vector NTI Suite 是一款功能完善的序列分析和设计的套装软件，能够管理、查看、分析、转换、共享和发布多种类型的分子生物学数据，并且全部功能集成在统一的分析环境中。软件中的大部分分析可以通过选定数据－分析－结果显示三个步骤完成。在分析主界面，软件可以对核酸蛋白分子进行限制酶分析、结构域查询等分析，并可输出高质量的图像。Vector NTI Suite 主要包括四个组件，它们可以对 DNA、RNA、蛋白质分子进行各种

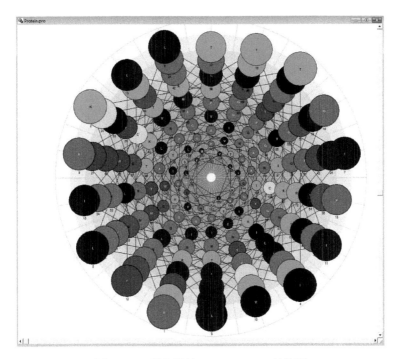

图 5-22 蛋白质的 Helical Wheel 结构图

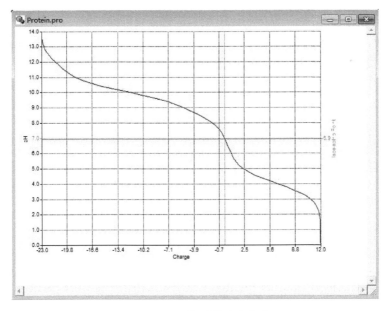

图 5-23 蛋白质的滴定曲线

分析和操作。Vector NTI 是整个套件的核心组成部分，具有数据组织和序列编辑功能。Vector NTI 是一种窗口形式，支持项目组织的数据库来完成这一功能，通过这个数据库，可以保存和组织大部分的实验数据，该数据库还支持对 Vector NTI Suite 中各种小型的绘图和结果展示工具的管理。Vector NTI 还具有强大的设计和评估 PCR 引物、测序引物和杂交探针功能。BioPlot 是一个对蛋白质和核酸序列进行各种理化特性分析的综合性工具，可以绘制 50 种以上预定制的蛋白质特征图谱，如疏水性和抗原性；BioPlot 还可以对核酸序列进行 8 种不同类型的分析，如：退火温度、自由能和 GC 含量等。AlignX 可以对蛋白质或核酸序列进行比较分析，为下一步设计 PCR 引物、探针及研究系统发育提供基础。Contig Express 可以将小片段拼接成连续的长序列。此外，还可以通过 Vector NTI Suite 进行 PubMed、Entrez 查询、Blast 搜索、PDB 文件可视化等操作。

DNATools、Omiga、DNAsis、PCgene 是功能类似的综合性分析软件，具有操作简单功能多的特点。DNATools 能把几乎所有文本文件打开作为序列，当程序不能辨别序列的格式时，会显示这个文件的文本形式。Omiga 作为强大的蛋白质、核酸分析软件，它还兼有引物设计的功能。主要功能包括编辑、浏览、蛋白质或核酸序列，分析序列组成，查找核酸限制性酶切位点、Motif 及 ORF，设计并评估 PCR、测序引物，该软件还提供了一个很有特色的类似于核酸限制酶分析的蛋白分析，对蛋白进行有关的多肽酶处理后产生多肽片段。DNAsis 包含有大部分分子生物学软件的常用功能，可进行 DNA，RNA，蛋白质序列的编辑和分析，还能进行质粒作图、数据库查询等功能。在 DOS 时代，DNASIS 7 等版本便是流传甚广并曾给过许多人以帮助的分子生物学软件。

Oligo 著名的引物设计软件，主要应用于核酸序列引物分析设计软件，除了可以简单快捷地完成各种引物和探针的设计与分析外，还具有以下特色：对环型 DNA 片段，设计反向 PCR 引物；已知一个 PCR 引物的序列，搜寻和设计另一个引物的序列；同源序列查找，并根据同源区设计引物；分析和评价用其他途径设计的引物是否合理。

Winplas 可用来绘制质粒图（表 5-2）。其特性包括：在序列未知的情况下也可以绘制质粒图；识别多种序列格式；自动识别限制位点可构建序列结构，功能包括：从文件插入序列、置换序列、序列编辑、部分序列删除等；绘图功能强大，功能包括：位点标签说明、任意位置文字插入、生成彩图、线性或环形序列绘制、可输出到剪贴板、可输出到图像文件；具有限制酶消化分析报告输出与序列输入报告功能。

表 5-2 质粒绘图软件

软件名	功能简介
WinPlas	质粒绘图软件商业版
DMUP	环状质粒绘图软件测试版
Plasmid Toolkit	质粒绘制软件
pDRAW	DNA 分析与绘图软件，可绘制线性或环形 DNA 图
Redasoft Visual Cloning	是有名的绘制质粒图 Redasoft Plasmid 1.1 软件的升级版
SimVector	质粒图绘制软件

参考文献

[1] 牛钦王,陈建平.生物信息学常用方法及其应用软件概述[J].热带医学杂志,2012(7):908-910.

[2] Sarachu M, Colet M. wEMBOSS: a web interface for EMBOSS[J]. Bioinformatics, 2005, 21(4): 540-541.

[3] Ye J, Fang L, Zheng H, et al. WEGO: a web tool for plotting GO annotations[J]. Nucleic Acids Res, 2006, 34 (Web Server issue): 293-297.

[4] Crooks G E, Hon G, Chandonia J M, et al. WebLogo: a sequence logo generator[J]. Genome Res, 2004, 14 (6): 1 188-1 190.

[5] Joshua A M, Boutros P C. Web-based resources for clinical bioinformatics[J]. Methods Mol Med, 2008 (141): 309-329.

[6] Lu G, Moriyama E N. Vector NTI, a balanced all-in-one sequence analysis suite[J]. Brief Bioinform, 2004, 5 (4): 378-388.

[7] Salvi M, Cesaro L, Pinna L A. Variable contribution of protein kinases to the generation of the human phosphoproteome: a global weblogo analysis[J]. Biomol Concepts, 2010, 1 (2): 185-195.

[8] Blanco E, Parra G, Guigo R. Using geneid to identify genes[EB/OL]. Curr Protoc Bioinformatics, 2007, Chapter 4.

[9] Petersen T N, Brunak S, Von Heijne G, et al. SignalP 4.0: discriminating signal peptides from transmembrane regions[J]. Nat Methods, 2011, 8 (10): 785-786.

[10] Mullan L J, Bleasby A J. Short EMBOSS User Guide. European Molecular Biology Open Software Suite[J]. Brief Bioinform, 2002, 3 (1): 92-94.

[11] Gutmanas A, Oldfield T J, Patwardhan A, et al. The role of structural bioinformatics resources in the era of integrative structural biology[J]. Acta Crystallogr D Biol Crystallogr, 2013, 69 (Pt 5): 710-721.

[12] Knudsen S. Promoter2.0: for the recognition of PolII promoter sequences[J]. Bioinformatics, 1999, 15 (5): 356-361.

[13] Borodovsky M, Mills R, Besemer J, et al. Prokaryotic gene prediction using GeneMark and GeneMark.hmm[EB/OL]. Curr Protoc Bioinformatics, 2003, Chapter 4 Unit4.5.

[14] 张新宇,高燕宁.PCR引物设计及软件使用技巧[J].生物信息学,2004(4):15-18.

[15] Rombel I T, Sykes K F, Rayner S, et al. ORF-FINDER: a vector for high-throughput gene identification[J]. Gene, 2002, 282 (1-2): 33-41.

[16] Kramer J A. Omiga: a PC-based sequence analysis tool[J]. Mol Biotechnol, 2001, 19 (1): 97-106.

[17] Oliveros, J. C. (2007—2015) Venny. An interactive tool for comparing lists with Venn's diagrams. http://bioinfogp.cnb.csic.es/tools/venny/index.html[J].

[18] Appel R D, Bairoch A, Hochstrasser D F. A new generation of information retrieval tools for biologists: the example of the ExPASy WWW server[J]. Trends Biochem Sci, 1994, 19 (6):

258-260.

[19] Emanuelsson O, Brunak S, Von Heijne G, et al. Locating proteins in the cell using TargetP, SignalP and related tools [J]. Nat Protoc, 2007, 2 (4): 953-971.

[20] Stupka E. Large-scale open bioinformatics data resources [J]. Curr Opin Mol Ther, 2002, 4 (3): 265-274.

[21] Letunic I, Bork P. Interactive Tree Of Life (iTOL): an online tool for phylogenetic tree display and annotation [J]. Bioinformatics, 2007, 23 (1): 127-128.

[22] Letunic I, Bork P. Interactive tree of life (iTOL) v3: an online tool for the display and annotation of phylogenetic and other trees [EB/OL]. Nucleic Acids Res, 2016, 44 (W1): 242-245.

[23] Bendtsen J D, Nielsen H, Von Heijne G, et al. Improved prediction of signal peptides: SignalP 3.0 [J]. J Mol Biol, 2004, 340 (4): 783-795.

[24] Besemer J, Borodovsky M. GeneMark: web software for gene finding in prokaryotes, eukaryotes and viruses [EB/OL]. Nucleic Acids Res, 2005, 33 (Web Server issue): 451-454.

[25] Lukashin A V, Borodovsky M. GeneMark. hmm: new solutions for gene finding [J]. Nucleic Acids Res, 1998, 26 (4): 1 107-1 115.

[26] Gasteiger E, Gattiker A, Hoogland C, et al. ExPASy: The proteomics server for in-depth protein knowledge and analysis [J]. Nucleic Acids Res, 2003, 31 (13): 3 784-3 788.

[27] Artimo P, Jonnalagedda M, Arnold K, et al. ExPASy: SIB bioinformatics resource portal [J]. Nucleic Acids Res, 2012, 40 (Web Server issue): 597-603.

[28] Brooksbank C, Bergman M T, Apweiler R, et al. The European Bioinformatics Institute's data resources 2014 [EB/OL]. Nucleic Acids Res, 2014, 42 (Database issue): 18-25.

[29] Borodovsky M, Lomsadze A, Ivanov N, et al. Eukaryotic gene prediction using GeneMark. hmm [J]. Curr Protoc Bioinformatics, 2003, Chapter 4 Unit4 6.

[30] Rice P, Longden I, Bleasby A. EMBOSS: the European Molecular Biology Open Software Suite [J]. Trends Genet, 2000, 16 (6): 276-277.

[31] Olson S A. EMBOSS opens up sequence analysis. European Molecular Biology Open Software Suite [J]. Brief Bioinform, 2002, 3 (1): 87-91.

[32] Blanco E, Abril J F. Computational gene annotation in new genome assemblies using GeneID [J]. Methods Mol Biol, 2009 (537): 243-261.

[33] Hsu F C, Hetmanski J B, Li L, et al. Comparison of significance level at the true location using two linkage approaches: LODPAL and GENEFINDER [EB/OL]. BMC Genet, 2003, 4 Suppl 1 S46.

[34] Paxman J J, Heras B. Bioinformatics Tools and Resources for Analyzing Protein Structures [J]. Methods Mol Biol, 2017, 1549: 209-220.

[35] Gilbert D. Bioinformatics software resources [J]. Brief Bioinform, 2004, 5 (3): 300-304.

[36] Huang J, Ru B, Dai P. Bioinformatics resources and tools for phage display [J]. Molecules, 2011, 16 (1): 694-709.

[37] Alioto T, Picardi E, Guigo R, et al. ASPic-GeneID: a lightweight pipeline for gene prediction and alternative isoforms detection [J]. Biomed Res Int, 2013 (1): 1-11.

第六章 分子进化

分子进化树又名系统发育树，是生物信息学中描述不同物种之间相互关系的一种方法。DNA 序列中记录着生物进化历史的全部信息，每一个核苷酸都有它的历史渊源、来龙去脉。分子进化研究的目的就是要通过破译这种信息去了解基因进化以及生物系统发育的内在规律。分子生物学改变了生物学的几乎所有领域的面貌，序列数据已成为实证及理论进化研究最重要的组成部分，在分子进化研究中发挥着不可替代的作用，形成了一系列独特的方法和普遍遵循的原则。正是这些方法和原则使分子进化研究得以实现它的两个基本任务：重建基因或物种的进化历史，以及阐明基因或物种的进化机制。

第一节 分子进化基础

一、构建进化树的算法

基于分子水平的系统发育计算方法可以分为两大类，即基于特征的方法和基于距离（distance methods）的方法，这两种方法都建立在序列比对的基础之上。基于特征的系统发育树重构算法通过搜索各种可能的树，从中选出最能够解释物种之间进化关系的系统发育关系树，这类方法利用统计技术定义一个最优化标准，对树的优劣进行评价，包括最大简约法（maximum parsimony methods）、最大似然法（maximum likelihood methods）和贝叶斯法（Bayesian methods）。距离法的理论基础是最小进化原理（minimum evolution），首先计算序列两两之间的距离矩阵，然后基于这个距离矩阵，采用聚类算法不断重复合并距离最短的两个序列，最终构出最优树，计算速度较快。距离法包括非加权组平均（unweighted pair-group method with arithmetic mean）、邻接法（neighbor-joining）、距离变换法（transformed distance method）和邻接关系法（neighbors relation method）等。

最大简约法关键是找信息位点，由最多信息位点支持的那个树就是最大简约树。不用计算序列之间的距离。最大似然法完全基于统计的系统发生树重建方法。该法在每组序列比对中考虑了每个核苷酸替换的概率。概率总和最大的那棵树最有可能是最真实的系统发生树。贝叶斯法和似然法相反，此方法在给定序列组成的条件下，计算进化树和进化模型的概率，基于后验概率进行进化分析，建立在比对序列的条件下，进化树结构发生的条件概率。邻接法从所有可能的进化树中选择进化分枝长度总和最小的那棵树，距离法通常不能找到精确的最小进化树，只能找到近似的最小进化树，但是它的计算速度非常快。

二、进化树格式

很多的进化树制作软件都产生 Newick 或 NEXUS 文本格式的进化树,其中 Newick 格式更为流行,PHYLIP、GARLI、MrBayes、PAUP、PROTML 和 TREE-PUZZLE 等工具都可以产生该格式的进化树,甚至几乎没有进化构建软件不能识别该格式的进化树,Newick 格式也是 PHYLIP 唯一识别的格式。Newick 格式通过小括号、逗号、冒号和数字表示进化树,以分号结束。Newick 格式中,亲缘关系更近的物种使用更内部的小括号表示(图 6 - 1、图 6 - 2)。

最简单的 Newick 格式可以只有物种名,小括号、逗号且以分号结尾,如:

(rice, (fruit fly, human, monkey), cotton);
也可以在标记后面加上冒号和数字,冒号后面的数字代表树的长度,如:

(rice: 6.0, (fruit fly: 5.0, human: 3.0, monkey: 4.0): 5.0, cotton: 11.0);

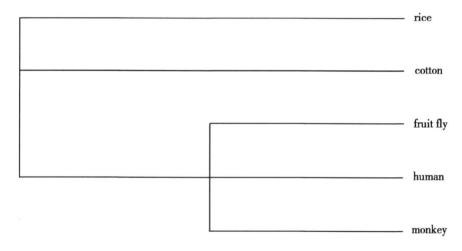

图 6 - 1 基本 Newick 格式进化树的图形显示

三、进化树的图形显示

文本格式的进化树虽然方便计算机的存储和计算,但是不便人眼的观察,因此,可以通过一系列的工具将文本格式的进化树转变成图片格式。

iTOL (http://itol.embl.de/) 是一个可以对进化树进行注释、操作和美化的在线工具(图 6 -3)。上传的数据要求是文本格式的进化树(Newick、Nexus or PhyloXML),可以通过浏览器调整进化树分枝的颜色、线的宽度和字体的样式。结果可以保存成矢量或点阵图。

EvolView (http://www.evolgenius.info/evolview/) 是一款强大的进化树编辑、管理

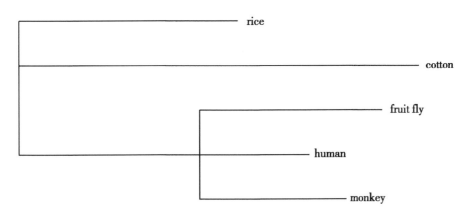

图 6-2 具有长度参数的 Newick 格式进化树

的在线服务程序,可以做各种编辑和处理,同时还可以额外增加一些数据上去,如把进化树和其他的表格数据关联起来等(图 6-4)。EvolView 支持多种进化树数据格式,例如,Newick、Nexus、Nhx 和 PhyloXML 等。图片可以导出高质量的 PNG、JPEG、SVG 等格式。该工具在使用前,需要注册一个免费账号。

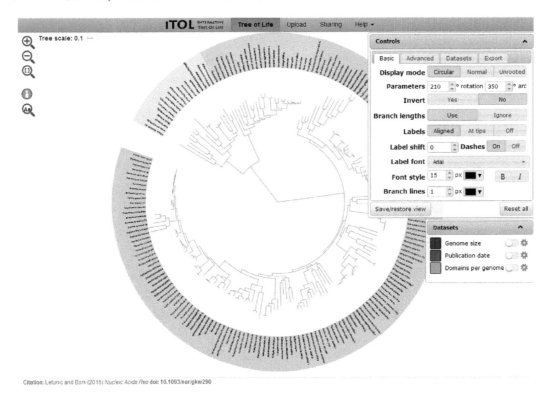

图 6-3 iTOL 操作界面

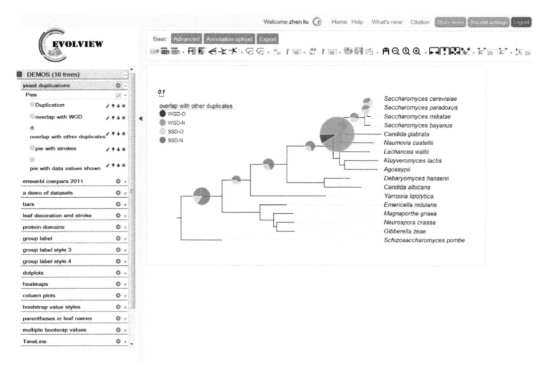

图 6-4 EvolView 操作界面

四、进化软件

PHYLIP（phylogeny inference package）是由美国华盛顿大学 Felsenstein 用 C 语言编写的系统发生推断软件包，它提供免费的源代码。由 35 个子程序组成，可以实现 DNA 序列和蛋白质序列最大似然法、最大简约法和距离法建树，如果是 DNA 序列，选择 dna 开头的程序，如果是蛋白序列，选择 pro 开头的程序。最大似然法有两类程序：带生物钟的建树子程序（dnamlk、promlk），可对进化似然距离进行估计；不带生物钟建树程序（dnaml、proml）。距离法建树由 dnadist、prodist、fitch、kitsch、neighbor 等子程序组成。每种建树方法都带有各自许多不同的选项供研究人员根据自己研究的目的进行选择优化。软件包带有画树的子程序：可以画三角形有根树及矩形有根树（drawgram），也可以画无根树（drawtree）。子程序 seqboot 使用自举检验法或刀切法对构建的树进行标准误估计及可靠性检验，提供分析报告。此程序包还可以实现一致树的构建（consensus），以及树的重构（retree）等等。

MEGA（molecular evolutionary genetics analysis）能对核酸序列及氨基酸序列进行系统发生分析。在建树方法上，提供了距离法中的非加权组平均和邻接法及 MP 法，对构建的树可进行自举检验及标准误估计的可靠性检验，并提供分析报告。该软件不仅可以对本地序列文件进行分析，而且可 Web 在线搜索分析，可以分析 NCBI 数据库中的序列文件来重建进化树。该软件可画出矩形、三角形、圆形等多种形状的系统发育树。

PAUP（Phylogenetic Analysis Using Parsimony）是一款用于构建进化树及进行相关检验

的软件，包含了众多分子进化模型和方法，可利用最大似然法、简约法、距离法等分析分子数据（DNA、蛋白质序列）、形态学数据及其他类型的数据（如行为学数据），是一个简单的，带有菜单界面的，拥有多种功能（包括进化树图）的程序，PAUP 分析使用的是 Nexus 文件，该软件不是免费软件。

MrBayes（http：//mrbayes.sourceforge.net/）是一个采用贝叶斯法进行系统发育分析的免费软件，要求输入的文件格式是"*.nex"，但 MrBayes 只能识别 nex 文件中的 MrBayes 模块和数据矩阵模块，nex 文件中的其他模块均不识别，所以在进行 MrBayes 分析前必须删除许多在 PAUP 中需要的但在 MrBayes 分析中多余的模块。

GeneDoc 是蛋白质和 DNA 序列同源比较的辅助软件，它不能对多个序列以某种算法进行自动比较，但是能对其他软件的比较结果进一步处理。如编辑和修改，用亮丽的色彩来区分相互间序列的同源性，并输出各种漂亮的图形格式；还进一步可以报告为进化树的格式。

第二节 通过 phylip 构建进化树

从 phylip 官网（http：//evolution.genetics.washington.edu/phylip.html）下载压缩包，解压之后，会得到三个文件夹（doc、exe、src）和一个 phylip.html 网页文件，phylip.html 与 doc 文件夹是 phylip 的文档文件，src 文件夹中包含的是 phylip 的源代码，exe 文件夹中包含的是 phylip 的可执行文件，也就是我们通过 phylip 制作进化树所需要的程序。

一、准备

使用 Phylip 制作进化树首先需要准备 fasta 格式的核酸或蛋白序列，将所需序列依次排列到文本文件中，由于 phylip 识别的 phy 格式要求序列的名字不超过 10 个字符，因此在这里准备 fasta 格式的序列也要注意序列的名字不超过 10 个字符，否则 phy 会忽略后面的字符，而这可能导致序列名重复的问题。这里将下面四个序列依次命名为 A、B、C、D，保存到"sequence.fasta"文件中。

文件：sequence.fasta
>A
CAGTCATTCGTGAAAAATCTAAACCTCGACGTTTGTGTTCATTTTAAGTAGTGGGTGGAATTCGTTTGTA
TTTTCAAGTGACGTAAATATTACCTTGAATAGTTATTGATTATCAAGCCCCAAGTCAGATAAAGATTAGA
AACACTTCCGTGTCATGCATACGTAACATCCAGCAGCTGTGTTGTTCTGAAAATGATTCGCATGCAAATT
TAACGTATTCTTTGGGGGATGATTCAGGTTACATAAACGTGTCCTTGTGTGTGTGTATAAGTGTGATTT
TTTATTAGATATTTAATAGTTTCGTGAAGCAAATATTAGCAGTGGTGTATTAATAGT
>B
TATCCATTCGTGAAAAATCGGCGACGCTCGACACTTCCGTCAATGTAAGTAGTGGGTGGAATTTTTGTAT
TTTCAAGTGACGTAAATATTACCTTGAATAGTTATGGCTGATTTACCCCCAAGTCAGATAAAGATTAGAA
ACACTTCCGTGTCATTTACGTAACATCCAGCAGCTGTGTTTTGTTCTGAAAATGATTCGCATGCAAATTT
AACGTATTCTTTGGGGGATGATTCAGGTTACATAAACGTGTCCTTGTGTGTGTGTATAAGTGTGATTTT

TTATTAGATATTTAATAGTATAGCATCCATATTAGCAGTGGTGTATTAATAGGTTA
>C
GCAGTTCATTCGTGAAAAATCGGCGACGCTCGACGTTTGTGTTCAATGTAAGTAGGTGGAATTTTTGTAT
TTTCAAGTGACGTAAATATTACCTTGAATAGTTATTGATTATCAAGCCCCAAGTCAGATAAAGATTAGAA
ACACTTCCGTGTCATTTACGTAACATCCAGCAGCTGTGTTTTGTTCTGAAAATGATTCGCATGCAAATTT
AACGTATTCTTTGGGGGATGATTCAGGTTACATAAACGTGTCCTTGTGTGTGTGTATAAGTGTGATTTT
TTATTAGATATTTAATAGCAAATATTAGCAGTGGTGTATTAATAGTAAATAGCATCC
>D
TACATAAACGTCGTGAAAAATCGGCGACGGTAAATATTTTGTGTTCAATGTAAGTAGTGGGTGGAATTTT
TTTTCAAGTGACGTAAATATTACCTTGAATAGTTATTGATTATCAAGCCCCAAGTCAGATAAAGATTAGA
AACACTTCCGTGTCATTTACGTAACATCCAGCAGCTGTGTTTTGTTCTGAAAATGATTCGCATGCAAATT
TAACGTATTCTTTGGGGGATGATTCAGGTTACATAAACGTGTCCTTGTGTGTGTGTATAAGTGTGATTT
AGATATTTAATAGTTTATTTAGCAAATATTAGCAGTGGTGTATTAATAGTAAATC

二、通过 Clustal 将 Fasta 格式的序列进行比对并保存为 phy 格式

打开 Clustal X，file-load sequence，打开上面准备的文件"sequence.fasta"，注意 Clustal X 不识别中文路径，因此，不要把文件放在含有中文路径的目录中，甚至有些系统中，桌面路径包含"桌面"两个字，也会出现错误的提示。在 Clustal X 的 Alignment 菜单中，选择 do complete alignment，选择结果保存的位置，这里是 Clustal X 默认的 aln 和 dnd 格式，并不是 Phylip 所识别的格式。因此，选择 File-Save sequence as，在弹出的对话框中，选择 phylip 格式，点 OK 按钮进行保存（图 6 – 5）。

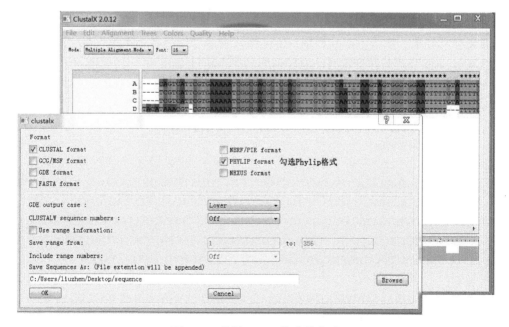

图 6 – 5 获得 phylip 格式的序列

Phylip 格式文件：sequence. phy
```
    4    356
A   - - - - CAGTCA TTCGTGAAAA ATCGGCGACG CTCGACGTTT GTGTTCATTT
B   - - - - TCGTCA TTCGTGAAAA ATCGGCGACG CTCGACGTTT GTGTTCAATG
C   - - - - TCGTCA TTCGTGAAAA ATCGGCGACG CTCGACGTTT GTGTTCAATG
D   TACATAAACG T - CGTGAAAA ATCGGCGACG CTCGACGTTT GTGTTCAATG

    TAAGTAGTGG GTGGAATTTT TGTATTTTCA AGTGACGTAA ATATTACCTT
    TAAGTAGTGG GTGGAATTTT TGTATTTTCA AGTGACGTAA ATATTACCTT
    TAAGTAGTGG GTGGAATTTT TGTATTTTCA AGTGACGTAA ATATTACCTT
    TAAGTAGTGG GTGGAATTTT T - - - TTTTCA AGTGACGTAA ATATTACCTT

    GAATAGTTAT TGATTATCAA GCCCCAAGTC AGATAAAGAT TAGAAACACT
    GAATAGTTAT TGATTATCAA GCCCCAAGTC AGATAAAGAT TAGAAACACT
    GAATAGTTAT TGATTATCAA GCCCCAAGTC AGATAAAGAT TAGAAACACT
    GAATAGTTAT TGATTATCAA GCCCCAAGTC AGATAAAGAT TAGAAACACT

    TCCGTGTCAT GCATACGTAA CATCCAGCAG CTGTGTT - - G TTCTGAAAAT
    TCCGTGTCAT T - - TACGTAA CATCCAGCAG CTGTGTTTTG TTCTGAAAAT
    TCCGTGTCAT T - - TACGTAA CATCCAGCAG CTGTGTTTTG TTCTGAAAAT
    TCCGTGTCAT T - - TACGTAA CATCCAGCAG CTGTGTTTTG TTCTGAAAAT

    GATTCGCATG CAAATTTAAC GTATTCTTTG GGGGATGATT CAGGTTACAT
    GATTCGCATG CAAATTTAAC GTATTCTTTG GGGGATGATT CAGGTTACAT
    GATTCGCATG CAAATTTAAC GTATTCTTTG GGGGATGATT CAGGTTACAT
    GATTCGCATG CAAATTTAAC GTATTCTTTG GGGGATGATT CAGGTTACAT

    AAACGTGTCC TTGTGTGTGT GTGTATAAGT GTGATTTTTT ATTAGATATT
    AAACGTGTCC TTGTGTGTGT GTGTATAAGT GTGATTTTTT ATTAGATATT
    AAACGTGTCC TTGTGTGTGT GTGTATAAGT GTGATTTTTT ATTAGATATT
    AAACGTGTCC TTGTGTGTGT GTGTATAAGT GTGATTT - - - - - AGATATT

    TAATAGTTTA TTTAGCAAAT ATTAGCAGTG GTGTATTAAT AGTAAA - - - -
    TAATAGTATA GCATCC - - AT ATTAGCAGTG GTGTATTAAT AGTAAAA - - -
    TAATAG - - - - - - CAAAT ATTAGCAGTG GTGTATTAAT AGTAAAAATA
    TAATAGTTTA TTTAGCAAAT ATTAGCAGTG GTGTATTAAT AGTAAAAATA

    - - - - - -
    - - - - - -
    GCATCC
    GCATCC
```

三、使用 seqboot 设置重复数量

构建进化树通常还需要进行评估，评估的目的是对已经得出的系统发育树的置信度进行评估，Phylip 使用自举检验法（bootstrap methods）、刀切法（jackknife）、Permute 等方法进行评估。自举检验法是从原始序列中随机选取碱基组成和原始序列相同长度的新序列，这样在每个序列中有些碱基被重复选择，而有些碱基未被选择，按这样的方法取出和原始数据序列数相同的新序列组成新的组。将所有的新序列组用某种算法生成多个新的进化树。将生成的多个进化树进行比较，把具有相同拓扑结构最多的树认为是最真实的树，树中分支位置的数值表示该种结构占所有树中的百分比。

刀切法对原始数据进行"不放回式"随机抽取，从数据集里去除一部分序列数据或每次去掉一个分类群对象，然后对剩下的数据进行系统发育分析。刀切法产生的数据小于原始数据。

利用 phylip 进行 seqboot 的步骤：

（1）双击打开 phylip 中的 seqboot 图标，在提示符后输入前面准备的包含 phylip 格式序列的文件名，回车确认后看到 seqboot 的选项。需要注意的是正确输入文件的后缀，在 Windows 系统下，有时候后缀可能被隐藏（图 6-6）。

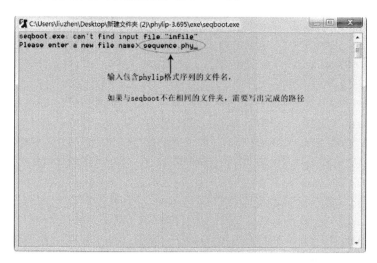

图 6-6 Seqboot 数据文件输入

（2）设置 seqboot 参数，可以看到，每个参数项的格式为：前有一个字母，然后是参数的具体介绍，最后是系统对该项参数的默认设置。设置的方法是首先通过键盘输入参数项前面的字母，回车确认后再输入具体的参数值。从图 6-7 中可以看出程序默认的数据是分子序列（Molecular sequence），方法是 Bootstrap，默认重复的次数是 100。假设我们现在需要将重复次数修改为 10，则首先需要通过键盘向程序输入 R，再输入 10，最后输入 Y，开始计算。当程序开始运行时，会首先请求输入随机数字种子（random number seed, must be odd），这要求一个大于 0 小于 32767 的整数，且符合 4n+1（除 4 余数为 1），该数字用于程序开始产生随机数字，如果输入的数字不是奇数，程序会重新要求输入。由于随机数字不可

预测，因此没有所谓的"最佳种子"。Seqboot 运行的结果是产生一个文件 outfile，该文件中包含 10 组（How many replicates 项设置的参数）phylip 格式的序列（图 6-8）。由于 phylip 的每一个步骤产生的结果文件都被命名为 outfile，因此为了本步骤产生的结果文件不被后面的步骤覆盖，因此注意及时修改文件名，本例中，将这个 outfile 修改为 seq10。

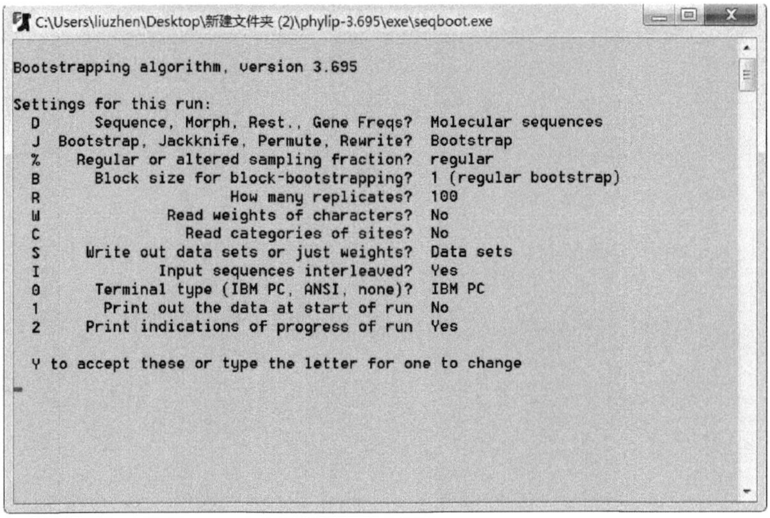

图 6-7　Seqboot 参数列表

四、通过似然法计算进化树

双击打开 Phylip 的 dnaml 程序（图 6-9），与 seqboot 步骤类似，需要首先输入文件名，这里输入 seq10，之后会看到 dnaml 的参数设置项列表，从列表项中可以看到，Analyze multiple data sets 默认是 No，由于输入的是多组数据，因此通过键盘输入 M，修改该项参数。

在修改 Analyze multiple data sets 参数的过程中，有一个提示"Number of times to jumble?"这一参数允许用户设置将程序过程重启多少次，如果设置 5，在构建进化树的过程中，程序将使用 5 种不同的物种顺序。

Dnaml 的结果是产生一个 outfile 和一个 outtree 文件，这两个文件都是文本文件，其中 outfile 是过程数据文件，outtree 是 Newick tree 格式的进化树，由于是多组数据，因此文件中包含 10 个进化树。和 seqboot 类似，这里仍然要注意及时修改 outfile 和 outtree 的文件名，这里修改分别修改为 dnamlout 和 tree10。

Outtree 文件：
((B: 0.00005, C: 0.00005): 0.00876, D: 0.00902, A: 0.01537);
(D: 0.01187, (B: 0.01779, C: 0.00003): 0.00003, A: 0.02118);
(D: 0.00286, (C: 0.00006, B: 0.00006): 0.00871, A: 0.01207);
((C: 0.00005, B: 0.00005): 0.01771, D: 0.00601, A: 0.01221);

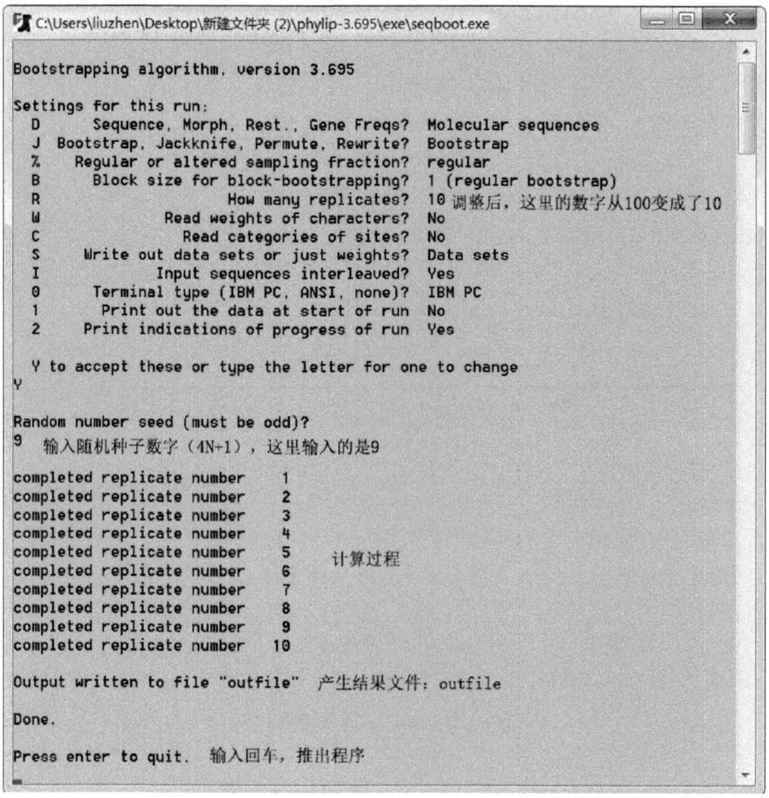

图 6-8　seqboot 程序参数设置

(D: 0.00601, (C: 0.00005, B: 0.00005): 0.01773, A: 0.00587);
((B: 0.01477, C: 0.00006): 0.00006, D: 0.00903, A: 0.01508);
((B: 0.01506, C: 0.00003): 0.00003, D: 0.00298, A: 0.00598);
(D: 0.00888, (B: 0.02133, C: 0.00003): 0.00003, A: 0.01204);
((C: 0.00003, B: 0.02163): 0.00003, D: 0.00605, A: 0.01523);
((C: 0.00005, B: 0.00005): 0.02049, D: 0.00587, A: 0.00597);

五、构建一致树

dnaml 程序的结果是产生了 10 个进化树，因此需要依据这 10 个进化树计算出最终的进化树。双击打开 consense 程序，输入包含多个进化树的文件，也就是 tree10，确认后显示参数项列表，这里不需要进行调整，直接输入 Y 确认参数，程序开始运行，最终结果是产生一个 outfile 文件和一个 outtree 文件，outfile 文件的内容是程序运行的过程数据，outtree 文件的内容是一个 Newick tree 格式的进化树（图 6-10）。

Outfile 文件：

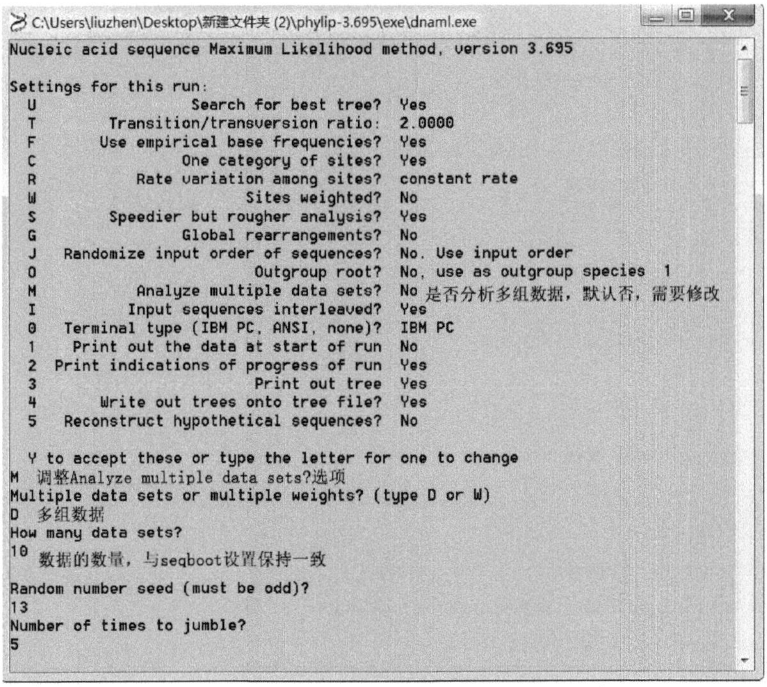

图 6-9　Dnaml 程序参数设置

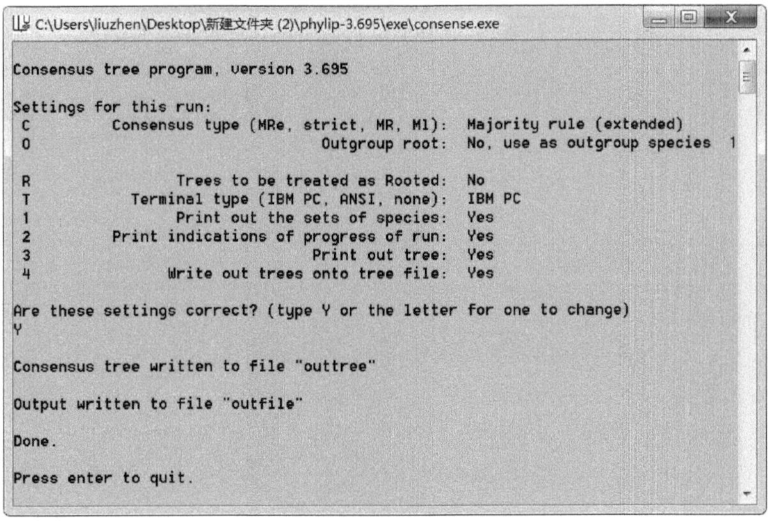

图 6-10　构建一致树

Consensus tree program, version 3.695

Species in order:

1. B
2. C
3. D

4. A

Sets included in the consensus tree

Set (species in order)　　　How many times out of　10.00

..＊＊　　　　　　　　　　　　10.00

Sets NOT included in consensus tree: NONE

Extended majority rule consensus tree

CONSENSUS TREE:
the numbers on the branches indicate the number
of times the partition of the species into the two sets
which are separated by that branch occurred
among the trees, out of 10.00 trees

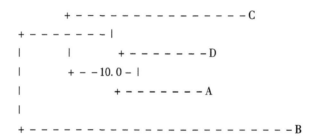

remember: this is an unrooted tree!

Outtree 文件
((C: 10.0, (D: 10.0, A: 10.0): 10.0): 10.0, B: 10.0);

六、图片制作

下载并安装 treeview 软件 (http://taxonomy.zoology.gla.ac.uk/rod/treeview.html), 该工具可以多种方式显示进化树（图 6-11）。

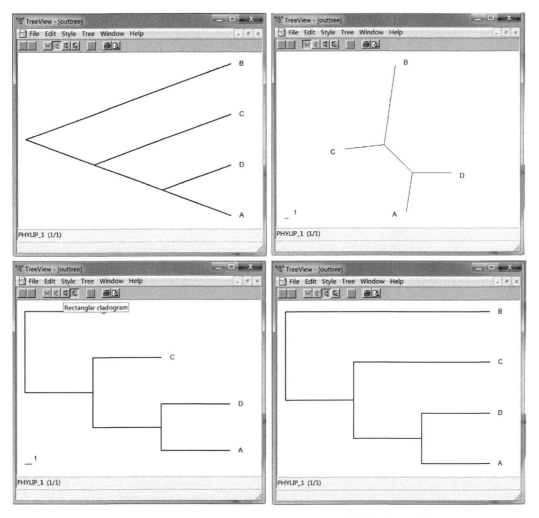

图 6-11 通过 treeview 将 Newick tree 格式的进化树转变成图片格式

参考文献

[1] 冯思玲.系统发育树构建方法研究 [J]. 信息技术, 2009 (6): 38-40, 44.

[2] 柳菁筠.生物序列进化树的构建 [D]. 海口: 海南师范大学, 2008.

[3] 朱雯.基于距离矩阵的进化树构建方法研究 [D]. 长沙: 湖南大学, 2010.

[4] 潘星华, 傅继梁.基因的分子进化: 原理与方法 [J]. 自然杂志, 1995 (4): 189-193.

[5] 张原, 陈之端.分子进化生物学中序列分析方法的新进展 [J]. 植物学通报, 2003 (4): 462-467.

[6] 张丽娜, 荣昌鹤, 何远, 等.常用系统发育树构建算法和软件鸟瞰 [J]. 动物学研究, 2013 (6): 640-650.

[7] Lim A, Zhang L. WebPHYLIP: a web interface to PHYLIP [J]. Bioinformatics, 1999, 15

(12): 1 068 - 1 069.

[8] Drummond A, Rodrigo A G. Reconstructing genealogies of serial samples under the assumption of a molecular clock using serial-sample UPGMA [J]. Mol Biol Evol, 2000, 17 (12): 1 807 - 1 815.

[9] Lake J A. Reconstructing evolutionary trees from DNA and protein sequences: paralinear distances [J]. Proc Natl Acad Sci U S A, 1994, 91 (4): 1 455 - 1 459.

[10] Retief J D. Phylogenetic analysis using PHYLIP [J]. Methods Mol Biol, 2000, 132: 243 - 258.

[11] 高凯. NJ 进化树构建方法的改进及其应用 [D]. 北京：北京工业大学, 2008.

[12] Junier T, Zdobnov E M. The Newick utilities: high-throughput phylogenetic tree processing in the UNIX shell [J]. Bioinformatics, 2010, 26 (13): 1 669 - 1 670.

[13] Saitou N, Nei M. The neighbor-joining method: a new method for reconstructing phylogenetic trees [J]. Mol Biol Evol, 1987, 4 (4): 406 - 425.

[14] Huelsenbeck J P, Ronquist F. MRBAYES: Bayesian inference of phylogenetic trees [J]. Bioinformatics, 2001, 17 (8): 754 - 755.

[15] Ronquist F, Teslenko M, Van Der Mark P, et al. MrBayes 3.2: efficient Bayesian phylogenetic inference and model choice across a large model space [J]. Syst Biol, 2012, 61 (3): 539 - 542.

[16] Wilgenbusch J C, Swofford D. Inferring evolutionary trees with PAUP* [J]. Curr Protoc Bioinformatics, 2003, Chapter 6 Unit 6 4.

[17] Li J F. A fast neighbor joining method [J]. Genet Mol Res, 2015, 14 (3): 8 733 - 8 743.

[18] Felsenstein J. Evolutionary trees from DNA sequences: a maximum likelihood approach [J]. J Mol Evol, 1981, 17 (6): 368 - 376.

[19] Kumar S, Gadagkar S R. Efficiency of the neighbor-joining method in reconstructing deep and shallow evolutionary relationships in large phylogenies [J]. J Mol Evol, 2000, 51 (6): 544 - 553.

[20] Som A, Fuellen G. The effect of heterotachy in multigene analysis using the neighbor joining method [J]. Mol Phylogenet Evol, 2009, 52 (3): 846 - 851.

[21] Khan H A, Arif I A, Bahkali A H, et al. Bayesian, maximum parsimony and UPGMA models for inferring the phylogenies of antelopes using mitochondrial markers [J]. Evol Bioinform Online, 2008, 4: 263 - 270.

[22] Mau B, Newton M A, Larget B. Bayesian phylogenetic inference via Markov chain Monte Carlo methods [J]. Biometrics, 1999, 55 (1): 1 - 12.

[23] Ogden T H, Rosenberg M S. Alignment and topological accuracy of the direct optimization approach via POY and traditional phylogenetics via ClustalW + PAUP* [J]. Syst Biol, 2007, 56 (2): 182 - 193.

第七章 生物信息学编程基础

在生物信息学中常用的脚本语言 perl、python 以及统计工具 R/bioconductor、matlab、SPSS 等。python 和 perl 都有生物学上的扩展，如：python 有 biopython，perl 有 bioperl。由于 perl 出现的比较早，因此其在 bioperl 可能是老一辈的生物信息学家或者甚至是有些生物学家常用的语言。Python 是一种面向对象、直译式计算机程序设计语言，也是一种功能强大而完善的通用型语言，已经具有十多年的发展历史，成熟且稳定。这种语言具有非常简捷而清晰的语法特点，适合完成各种高层任务，几乎可以在所有的操作系统中运行。目前，基于这种语言的相关技术正在飞速的发展，用户数量急剧扩大，相关的资源非常多。因此，我们也要看到 python 也提供了许多生物学上的便利，并且一步步显示出其优势。生物信息的数据统计或绘图任务则一般使用 R 语言完成。

第一节 Perl 语言

Larry Wall1987 年发布 Perl1.0 以来，越来越多的程序员与软件开发者参与 Perl 的开发。Perl 的前身是 Unix 系统管理的一个工具，被用在无数的小任务里。后逐渐发展成为一种功能强大的程序设计语言，用作 Web 编程、数据库处理、XML 处理以及系统管理；在完成这些工作时，同时仍能处理日常细小工作，这是它的设计初衷。Perl 既强大又好用，所以它被广泛地用于日常生活的方方面面，从宇航工程到分子生物学，从数学到语言学，从图形处理到文档处理，从数据库操作到网络管理。很多人用 Perl 进行快速处理那些很难分析或转换的大批量数据。Perl 是自由的，并将永远自由下去。你可以在任何合适的场合使用 Perl，只需要遵守一个非常自由的版权就可以了。尽管 Perl 很简单，但它仍然是一种有丰富特性的语言。

一、CPAN

CPAN（Comprehensive Perl Archive Network）全面的 Perl 存档网络，上面有无数的开源模块，从科学计算到桌面应用到网络等各个方面都有大量的模块，并且世界上也还有无数的人在向上面添加模块，如果你想要用 Perl 实现某功能，不用自己做，在 CPAN 上面搜一搜，多半都会得到已有的结果。CPAN 包含从整个 Perl 社区收集来的智慧，CPAN 亦是一支 Perl 程序的名字，其作用是让使用者容易从 CPAN 下载、安装、更新及管理其他在 CPAN 上的 Perl 程式（图 7-1）。CPAN 的成功引来很多其他编程语言社群的模仿。

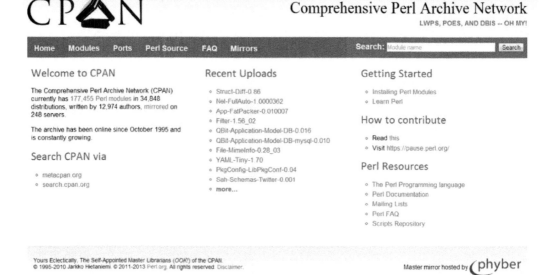

图 7-1 CPAN 搜索界面

二、正则表达式

正则表达式是 Perl 语言的特色，Perl 的三种匹配模式查找、替换和转换。

1. 查找

查找匹配内容中是否包含"正则表达式内容"，如果包含返回 1，否则返回 0。

语法：m/正则表达式内容/；可简化成/正则表达式内容/。

2. 替换

查找匹配内容中是否包含"正则表达式内容"，如果包含，使用"替换内容"替换，返回 1，否则，返回 0。

语法：s/正则表达式内容/替换内容/。

3. 转换

首先，匹配内容集合中元素会和替换集合中元素一一对应起来，然后执行匹配操作，匹配上的内容使用对应的退换集合中内容进行替换，返回转换元素个数。

语法：tr/匹配内容集合/替换内容集合/。

正则表达式的元字符

\ 将下一个字符标记为一个特殊字符，例如，'d' 匹配字符 "d"。'\d' 匹配一个数字字符。

^ 匹配字符串的开始位置。

$ 匹配字符串的结束位置。

* 匹配前面的子表达式零次或多次。例如，ap * le 能匹配 aple、apple、appple 等。

+ 匹配前面的子表达式一次或多次。

\d 匹配一个数字字符。等价于 [0~9]。
\D 匹配一个非数字字符。
\s 匹配任何空白字符,包括空格、制表符等。
\S 匹配任何非空白字符。
\t 匹配一个制表符。
\w 匹配包括下划线的任何单词字符。
\W 匹配任何非单词字符。

三、Bioperl 的安装

Bioperl 为许多经典的生物信息学程序提供了软件模块,这些包括:从本地或远程数据库获取数据;转换数据库或文件记录的格式;操作单个序列;搜索相似序列;创建和进行序列比对;搜索基因组上的基因及其他结构;发展机器可读的序列注释。

Bioperl 在安装过程中,需要使用 root 账号,需要设置 "/usr/local/bin/" 的权限。具体步骤如下。

(1) 设置/usr/local/bin/文件夹的权限 chomd-R 777 bin。

(2) 在安装 Bioperl 模块前,首先安装一个 YAML 模块,Redhat 系统有提示安装该模块。

```
Perl-MCPAN-e shell
Install "YAML" 注意这里有引号,有两个冒号的模块在安装的时候,不需要引号
```

(3) 安装 bioperl。

```
Perl-MCPAN-e shell
d /bioperl/
force install 其中找到的一个
如:
force install CJFIELDS/BioPerl - 1.6.924.tar.gz
```

安装过程中,不管是什么提示,全部选择默认,也就是全部直接按回车键。

(4) 运行下面命令,判断安装是否成功。

```
Perldoc Bio::SeqIO
```

BioPerl 安装过程中,可能因为网络等问题造成安装不成功,这时候,在确认上述操作没有问题的前体下可以换个时间再安装。

第二节 统计语言

一、R 语言

R 作为一种统计分析软件，是集统计分析与图形显示于一体的。它可以运行于 UNIX，Windows 和 Macintosh 操作系统上，而且嵌入了一个非常方便实用的帮助系统，相比于其他统计分析软件，R 还有以下特点。

（1）R 是自由软件。它是完全免费，开放源代码的。

（2）R 是一种可编程的语言。作为一个开放的统计编程环境，语法通俗易懂，很容易学会和掌握语言的语法。而且学会之后，我们可以编制自己的函数来扩展现有的语言。

（3）所有 R 的函数和数据集是保存在程序包里面的。只有当一个包被载入时，它的内容才可以被访问。一些常用、基本的程序包已经被收入了标准安装文件中，随着新的统计分析方法的出现，标准安装文件中所包含的程序包也随着版本的更新而不断变化。

（4）R 具有很强的互动性。除了图形输出是在另外的窗口处，它的输入输出窗口都是在同一个窗口进行的。输出的图形可以直接保存为 JPG，BMP，PNG 等图片格式，还可以直接保存为 PDF 文件。R 和其他编程语言和数据库之间也有很好的接口。

二、其他统计分析工具

MATLAB 是 matrix&laboratory 两个词的组合，意为矩阵实验室。是由美国 mathworks 公司发布的主要面对科学计算、可视化以及交互式程序设计的高科技计算环境。它将数值分析、矩阵计算、科学数据可视化以及非线性动态系统的建模和仿真等诸多强大功能集成在一个易于使用的视窗环境中，为科学研究、工程设计以及必须进行有效数值计算的众多科学领域提供了一种全面的解决方案，并在很大程度上摆脱了传统非交互式程序设计语言的编辑模式，代表了当今国际科学计算软件的先进水平。

SAS 世界排名第一，专业性极强，能做各种统计，是 FDA 唯一批准有效的统计软件，是专业统计人员的首选软件。

SPSS 其特点：功能强大，易于操作，简单明了，界面友好，数据库接口丰富，最新 SPSS 可以读出 SAS 数据，是业余人员的首选。最新版本纠正以往的不稳定、运行速度慢的缺点。SPSS 分为不同版本，如 basic 版、standard 版和 advance 版。许多复杂的统计功能只在 advance 版中才出现。

参考文献

[1] Angly F E, Fields C J, Tyson G W. The Bio-Community Perl toolkit for microbial ecology [J]. Bioinformatics, 2014, 30 (13): 1 926 - 1 927.

[2] Chinard F P, Crone C, Goresky C A, et al. Memorial. William Perl, 1918—1976 [J]. Microvasc Res, 1977, 13 (3): 277-281.

[3] Crabtree J, Agrawal S, Mahurkar A, et al. Circleator: flexible circular visualization of genome-associated data with BioPerl and SVG [J]. Bioinformatics, 2014, 30 (21): 3 125-3 127.

[4] Liu W, Islamaj Dogan R, Kwon D, et al. BioC implementations in Go, Perl, Python and Ruby [EB/OL]. Database (Oxford), 2014.

[5] Morris J A, Gayther S A, Jacobs I J, et al. A suite of Perl modules for handling microarray data [J]. Bioinformatics, 2008, 24 (8): 1 102-1 103.

[6] Stajich J E. An Introduction to BioPerl [J]. Methods Mol Biol, 2007, 406: 535-548.

[7] Stajich J E, Block D, Boulez K, et al. The Bioperl toolkit: Perl modules for the life sciences [J]. Genome Res, 2002, 12 (10): 1 611-1 618.

[8] Stein L D. Using Perl to facilitate biological analysis [J]. Methods Biochem Anal, 2001, 43: 413-449.

[9] Vos R A, Caravas J, Hartmann K, et al. BIO: Phylo-phyloinformatic analysis using perl [J]. BMC Bioinformatics, 2011, 12: 63.

附录一　生物信息学常用词汇表一

英文	中文	英文	中文
Alignment	比对	Gap penalty	空位罚分
cDNA library	cDNA 文库	Junk DNA	垃圾 DNA
CpG island	CpG 岛	Linkage map	连锁图谱
EST (Expressed sequence tags)	表达序列标签	Contig	连续交叠群
GC content	GC 含量	Neighbor-joining method	邻近归并法
Algorithm	算法	Phosphodiester bond	磷酸二酯键
NMR	核磁共振	Enzyme	酶
RNA polymerase	RNA 聚合酶	Codon	密码子
SNPs	单核苷酸多态性	Retrotransposition	逆转录转座
beta turns	β 转角	Reverse transcriptase	逆转录酶
Target identification	靶标识别	Retroposon	逆转录转座子
Conserved sequence	保守序列	Match score	匹配得分
Coding sequence	编码序列	Promoter sequence	启动子序列
Denatured protein	变性蛋白质	Heuristic methods	启发式方法
Scaled tree	标度树	Origination penalty	起始罚分
Expression profile	表达谱	Initiation complex	起始复合物
Phenotype	表型	Start codon	起始密码子
Residue	残基	Hydrophilic	亲水的
Operon	操纵子	Hydrogen bonding	氢键
Sequencing	测序	Convergent evolution	趋同进化
Insertion sequence	插入序列	Global alignment	全局比对
Super-secondary structure	超二级结构	Chromosome	染色体
Superfamily	超家族	Chromatin	染色质
Scoring matrix	打分矩阵	Human genome project, HGP	人类基因组计划
Charged amino acid	带电氨基酸	Tertiary structure	三级结构
Protein backbone	蛋白质骨架	Triplet code	三联密码

(续表)

Protein sequencing	蛋白质测序	Upstream promoter element	上游启动子元件
Nearest neighbor classifier	最近邻分类法	Neural network	神经网络
Proteome	蛋白质组	Biocomputing	生物计算
Alleles	等位基因	Bioinformatics	生物信息学
Transversion	颠换	Hydrophobic amino acid	疏水氨基酸
Dot plot	点阵图	Hydrophobic	疏水的

附录二　生物信息学常用词汇表二

Dynamic programming	动态规划	Hydrophobic collapse	疏水折叠
Log odds matrix	对数几率矩阵	Quaternary structure	四级结构
Polynucleotide	多核苷酸	Peptide	肽
Multiple sequence alignment	多重序列比对	Peptide bond	肽键
Secondary structure	二级结构	Probe	探针
Disulfide bond	二硫键	Character	特征
Translation	翻译	Substitution	替换
Anti-parallel	反向平行	Native structure	天然结构
Unscaled tree	非标度树	Regulatory	调控
Branches	分支	Homologs	同源
Molecular clock	分子钟	Mutation	突变
Negative regulation	负调控	Inferred tree	推测树
Paralogs	共生同源物	Topology	拓扑结构
Conformation	构象	Bootstrap test	自举检验
Housekeeping gene	管家基因	Microsatellite	微卫星
Core fold	核心折叠	Microarray	微阵列
Complementary	互补的	SatelliteDNA	卫星 DNA
Gene ontology	基因本体论（GO）	Species tree	物种树
Gene expression	基因表达	Phylogenetic tree	系统发生树
Gene order	基因次序	Restriction mapping	限制性酶切图谱
Gene identification	基因识别	Minisatellite	小卫星
Gene tree	基因树	Sequence	序列
Genotype	基因型	Motif	序列模式
Genome	基因组	Primary structure	一级结构
Polar amino acid	极性氨基酸	Consensus sequence	一致序列
Nearest neighbor classifier	最近邻分类法	Genetic map	遗传图谱

(续表)

Family	家族	Hidden markov models	隐马尔柯夫模型
Methylation	甲基化	Domain	结构域
Splicing	剪接	Support vector machine	支持向量机
Spliceosomes	剪接体	Orthologs	直系同源
Degeneracy	简并性	Central dogma	中心法则
Parsimony	简约性	Neutral mutation	中性突变
Base pair	碱基对	Stop codon	终止密码子